JN280256

なるほど線形代数

村上 雅人 著

なるほど線形代数

海鳴社

はじめに

　わたしの研究室に来る卒論生や大学院生に、大学数学で何が苦手か尋ねたところ、驚いたことに、線形代数と答えた学生が非常に多かった。線形代数は、概念自体は簡単であるから、それほど苦にはならないと思っていたが、一見簡単そうでいて、その本質が分からないということが原因かもしれない。

　いくつかの入門書をひもといたが、線形代数そのものに新しい概念はないと指摘しており、ひどいものでは一夜づけでも試験に対応できると書いてある。確かに、線形代数の主な効用は、変数が多い連立1次方程式をいかに整理して解法するかにある。連立1次方程式を解くだけならば、中学生でも何とか対応できるから、それほど重要とは思えない。このため、線形代数は、その概念ではなく表記法だけで数学の地位を築いた学問とも紹介されている。これでは、大学で学ぶ価値がどれほどあるのかと疑問に思う学生も多かろう。

　しかし、そう思って油断していると、途中で迷路に入り込んだ気分になってしまうのも線形代数である。線形代数の構成要素に行列と行列式があるが、これらは名前は似ていても、その基本的考え方がまったく違っている。これを明確に認識せずに、中途半端な状態で連立1次方程式の解法を行っていると、その区別があいまいになって、気づくと講義が終わっているという具合である。よって、行列と行列式が違うということを明確にすることを、まず本書の目的とした。

　さらに、線形代数は20世紀物理界の最大の成果と呼ばれる量子力学の建設に大きな役割を果たしたのであるが、この事実が意外と認識されていない。個人的には、線形代数が、これだけ重要な数学的地位を築くに至った理由は、その表記法ではなく、それが量子力学建設に果たした大きな貢献のおかげと思っている。

　線形代数の入門書で、最先端の量子力学を紹介することなど、どう考え

ても無謀と思えそうだが、本書ではあえてそれを行った。なぜなら、線形代数で習う多くの概念の重要性は、量子力学を通してはじめてなるほどと実感できるからである。

　電子などのミクロな粒子の運動が、従来のニュートン力学では表現できないことが20世紀初頭に明らかになり、まったく新しい力学の建設が必要になった。そして、多くの気鋭の物理学者が、ミクロ粒子の運動力学（つまり量子力学）の構築に挑戦する。この新しい力学が壁にぶちあたったとき、弱冠23歳のハイゼンベルグが強引とも思える手法で突破する。しかし、その計算式はとても複雑で、分かりにくいものであった。それを見た師のボルンは、線形代数の構成要素である行列を使って整理すると、実にきれいにまとめられることに気づく。しかも、行列が有している性質がミクロ粒子の運動を記述するために生まれたと思えるくらい、量子力学と線形代数は相性が良かったのである。

　その後、量子力学に線形代数を適用することで、その建設は大きな発展を遂げる。量子力学のことを行列力学と呼ぶこともあるが、これは、量子力学における物理量はすべて行列で表現されるからである。

　この量子力学と線形代数の見事としか言い様のない融合を知らずして、その効用を語ることはできない。線形代数が単なる表記法だけの数学ではなく、物理界を根底から変革する学問の建設に大きな役割を果たしたという事実を本書を通して認識していただければ幸いである。

　最後に、本書の出版に際して超電導工学研究所の小林忍さんと海鳴社の辻信行氏に大変お世話になったことを感謝する。

2001年6月

著　者

もくじ

はじめに………………………………………………………… 5

序章　線形代数とは…………………………………………… 9

第1章　ベクトル……………………………… 17
 1.1.　ベクトルは1次元からの解放　17
 1.2.　ベクトルと幾何学　21
 1.3.　ベクトルの演算　26
 1.4.　ベクトル演算の図示　29
 1.5.　ベクトルのかけ算　33
 1.6.　ベクトルの微積分　52
 1.7.　ベクトルの拡張：n次元ベクトル　54
 1.8.　正規直交化基底ベクトル　57
 1.9.　無限次元空間　60
 補遺 1-1　三角関数の加法定理　61

第2章　行　列………………………………………………… 64
 2.1.　ベクトルは行列の兄弟　65
 2.2.　行列の加減演算　67
 2.3.　行列のかけ算　69
 2.4.　行列の一般的表示　72
 2.5.　一般表示による行列の演算　76
 2.6.　連立1次方程式の解法　85
 2.7.　行列の階数　96
 2.8.　行列のまとめ——5元連立1次方程式の解法　99

第3章　行列式…………………………………………………102
 3.1.　行列式による連立1次方程式の解法　103
 3.2.　行列式の定義とは　106
 3.3.　行列式の性質　115

3.4. クラメールの公式の導出　133
3.5. まとめ——5元連立1次方程式の解法　135

第4章　行列とベクトル……………………………………140
4.1. 線形空間　140
4.2. 行列と1次変換　143
4.3. 複素数と行列　150
4.4. おもしろい性質を有する行列　155
4.5. 固有値と固有ベクトル　160
4.6. 固有方程式　162
補遺4-1　ディラック行列　171

第5章　量子力学と線形代数………………………………175
5.1. ベクトルと関数　176
5.2. 無限次元ベクトル　177
5.3. 関数空間　180
5.4. 直交関数系　181
5.5. 指数関数によるフーリエ級数展開　184
5.6. 量子力学の構築　188
5.7. エルミート行列の対角化　196
5.8. 行列の非可換性　208
補遺5-1　級数展開とオイラーの公式　210
補遺5-2　関数の内積　213
補遺5-3　$\exp(i\theta)$ $(\exp ikx)$の物理的意味　218
補遺5-4　光電効果とコンプトン効果　222

終　章　ベクトルと行列式…………………………………227
E.1　ベクトルと行列式　227
E.2　外積と行列式　229
E.3　rotと行列式　233
E.4　線形代数は重要な学問　240

索　引……………………………………………………………241

序章　線形代数とは

　大学に入って出会う数学の代表のひとつに線形代数 (linear algebra) がある。ところが、線形代数とひとくちに言っても、その守備範囲はかなり広いため、いったい何をマスターすればよいのかが不明確である。そもそも線形代数という用語がいったい何を意味するのかが、あまり明確ではない（図 0-1）。

　ところで、線形は英語では linear であるが、実は linear equation と書くと、何のことはない「1 次方程式」のことを指している。つまり、日本語では linear という英語を、時として「線形」と訳したり、「1 次」と訳したりしている。(その両方を使う場合もあるが。)

　実際 linear algebra とは数多くの 1 次方程式 (systems of linear equations)（これを連立 1 次方程式 (simultaneous linear equations) と呼ぶ）を効率よく解法するための手段を学ぶ学問である。よって、極端に言えば概念そのものに数学としての斬新性はない。

図 0-1　線形代数は、線形関数つまり 1 次関数を扱う代数学である。実用的には多元連立 1 次方程式を効率良く解法する手法を習う学問である。しかし、連立 1 次方程式を解くだけならば、それほど苦労はしない。わざわざ大学で習う必要があるのだろうか。この問いに対する答えは本書の中にある。

さらに、数学で取り扱う式は 2 次方程式 (quadratic function) や 3 次方程式 (cubic function) など、むしろ 1 次ではない場合が圧倒的に多い。であるから、1 次方程式にしか適用できない線形代数にどれだけの重要性があるのかという疑問も湧く。確かに、米国では大学教養としては college algebra として広く代数学 (algebra) を習い、その中に線形代数が入っている。どちらかというと線形代数は、その後システム工学 (system engineering) 系の専門過程において、変数が多い線形（1 次）方程式を取り扱う基礎として学習する。

　ただし、数学のつねで、はじめは単に連立 1 次方程式の解法が中心であった線形代数も、その構成要素のひとつであるベクトル (vector) がもともと発展性の大きい概念であったため、それと一緒になって大きな飛躍を遂げることになる。

　中でも、その最大の功績は量子力学 (quantum mechanics) の建設であろう。量子力学は、御存じのように、物理分野における 20 世紀最大の成果であり、その考えは物理学 (physics) だけではなく、化学 (chemistry) や生物学 (biology) など多分野に波及している。最近では、ナノテクノロジー (nanotechnology) の発展によって、量子工学 (quantum engineering) と呼ばれる応用工学も育ちつつある。レーザー (laser) や電子顕微鏡 (electron microscope) はその例である。

　量子力学は、ひとことで言えば、電子の運動状態 (motion of electrons) を記述する力学であるが、その運動状態（専門的には波動関数：wave function）はベクトルで表現される。さらに、電子の運動状態を規定する演算子 (operator) が行列 (matrix) で表現され、この行列の固有値 (eigenvalue) が、電子のエネルギーや運動量という物理量（実際にはその期待値）に対応する。このように、行列をつかって電子の運動力学を記述することから、量子力学は行列力学 (matrix mechanics) とも呼ばれている。この行列とベクトルによる表現が線形代数そのものである。

　歴史的には、行列と量子力学が結びついたきっかけは、原子内の電子の運動を数式で表そうという努力の中で、ハイゼンベルグ (Heisenberg) が一群の数式を導いたことに始まる。その計算式はとても複雑で、数多くの数式群で表現されていたが、ノートをみた師のボルン (Born) は、かつて数学

$$\begin{pmatrix} q_{11} & q_{12} & \cdots \\ q_{21} & q_{22} & \\ \vdots & & \ddots \end{pmatrix} \qquad q_{mn}(t) = \sum\sum Q_{mn} \exp(i\omega_{mn}t)$$

ボルン　　　　　ハイゼンベルグ

図 0-2　ハイゼンベルグは、電子の運動を記述するための数式群を思いついて師のボルンに見せた。その数式はかなり煩雑であったが、ボルンは、かつて数学で習った行列を使えば、その計算が実に整然とまとめられることに気づくのである。これがきっかけになって、物理における 20 世紀最大の成果と呼ばれる量子力学つまり行列力学建設へと進んでいくのである。

の講義で習った行列の計算によく似ていることに、ふと気づく(図 0-2 参照)。そして、ハイゼンベルグの数式を行列で整理すると、実に整然とまとめられることが分かったのである。さらに、行列とベクトルがもつ性質が、電子の運動を記述するのに適しているだけでなく、電子の運動を記述するために生まれたのではないかと思われるくらい相性のよいことが明らかとなっていく。このあたりの数学と物理の合体は、その神秘性とともに、思わず身震いするほどの興奮を与えるが、ここでは、線形代数の基礎概念が量子力学の発展に重要な役割を果たしたという事実を認識しておいてほしい。

このように線形代数が量子力学の建設に不可欠であったという事実は、多くの数学者をも驚かした。線形代数が大学の数学で、これだけ重要な地位を占めるに至った経緯は、それが量子力学に果たした大きな貢献のおかげではなかろうか。少し、話がおおげさになったが、線形代数には、それだけ重要な側面があるという事実を知ってほしい。

それでは、線形代数とはどのようなものであろうか。ここでは、ごく簡

単に、その概要に触れてみる。線形代数には、その骨格をなす構成要素として、ベクトル (vector)、行列 (matrix) および行列式 (determinant) の 3 つが挙げられる。まず、簡単な連立 1 次方程式で、これらの表記例を紹介する。

$$\begin{cases} ax + by = e \\ cx + dy = f \end{cases}$$

という連立 1 次方程式は

$$\begin{pmatrix} a & b \\ c & d \end{pmatrix} \begin{pmatrix} x \\ y \end{pmatrix} = \begin{pmatrix} e \\ f \end{pmatrix}$$
　　　行列　　ベクトル

と表記することができる。（先ほどの数式をこのように整理できると約束する。）このとき、最初の 2 行 2 列に数字が配列したものを行列 (matrix) と呼び、つぎに数字がたてに 2 個並んだかっこを列ベクトル (column vector) と呼んでいる。より専門的には、この行列は係数 (coefficients) でできているので係数行列 (coefficient matrix) と呼ばれる。行列およびベクトルの定義については、後ほどくわしく解説するが、ここでは、行列とは複数の数字がたて（列）と横（行）に並んだもの、ベクトルは行あるいは列に数字が複数並んだものを指すという程度の認識でよい。

さらに、行列とベクトルを使った表式は、行列を $\tilde{A}$ と表記し、残り二つのベクトルを $\vec{x}$ および $\vec{b}$ で表現すると

$$\tilde{A}\vec{x} = \vec{b}$$

と簡単化される。ここで行列記号の頭につけた符号～はチルダ (tilde) と呼ばれ、スペイン語に出てくる符号であるが、数学では一般にベクトルを→で示すのに対し、行列を示すのによく使われる。ただし、この記号を使わなければいけないという決まりがあるわけではない。行列、ベクトルとも

にゴシックで示す場合も多い。

　さて、このような表記が便利といっても、変数が 2 個しかないと、これのどこが簡単かと思われるかもしれないが、変数が 10 個あるいは 100 個と増えても同様の表記ができる。このような約束をすると、変数の数が多い連立 1 次方程式の場合も、きれいに整理することが可能となる。

　さらに、この表記が便利であるのは、普通の数の逆数と同じように、行列にも逆行列 (inverse matrix) があって、これを利用すると、方程式の解が得られる点である。例えば、係数行列 $\tilde{A}$ の逆行列を $\tilde{A}^{-1}$ と書くと

$$\vec{x} = \tilde{A}^{-1}\vec{b}$$

を計算することで、いっきに解が求められる。よって、この逆行列をいかに求めるかが、線形代数の重要なポイントとなる。

　それでは、行列式 (determinant) とはいったい何であろうか。行列とベクトルで連立 1 次方程式が解けるならば、わざわざ行列式を使う必要はないはずである。

　実は、係数行列の逆行列が求められれば、連立 1 次方程式の解がすぐに得られるという説明をしたが、実際に逆行列を求める作業はそれほど楽ではない。ここで、方程式をより実効的に解法する手段として行列式が登場する。

　行列式も、係数などの数字をたて横に並べたものであるが、行列とは違ってある規則に従って、その値を計算することになっている。例えば 2 行 2 列の行列式では

$$\begin{vmatrix} a & b \\ c & d \end{vmatrix} = ad - bc$$

という計算をする決まりになっている。具体的に数値を代入すると

$$\begin{vmatrix} 2 & 4 \\ 3 & 3 \end{vmatrix} = 2 \times 3 - 4 \times 3 = -6$$

と計算できて、ただひとつの数値に対応するのである。行列の方は、数の集合（うえの場合は連立1次方程式の係数）として意味を持つが、行列式はただひとつの数値を与えるという違いがある。おそらく determinant を和訳するときに行列式と最後に式をつけているのは、そういう意味合いからであろう。

どうして、このような計算方法を採用するかはおいおい説明するが、行列式の素晴らしい点は、連立1次方程式が与えられたとき、あるルールに沿って行列式をつくり、その定義に従って機械的に計算を行うと、不思議なことに方程式の答えが得られるというところにある。いわば算術（マジック）と呼べるものであるが、実際に行列式は江戸初期の和算学者の関孝和[1]らが世界に先駆けて開発した手法と言われている。この計算手法のトリックをいったん理解すると、まず、その巧みさに感心させられる。つぎに、どうやって、こんな手法を思いついたのかと驚かされる。（多くの線形代数の教科書では、このトリックが説明されずに、その方法だけが書かれている。これにも驚かされる。）

ところで、「線形代数は連立1次方程式を解くのに便利な方法を習う学問」と説明されても、線形代数の本を開いたとたんに、たくさんの数字や添え字つきの文字が並んでいる行列をみると、多くのひとはうんざりするのが落ちである。しかも、定義、証明のパターンがくり返されると、その本質が何であったかを見失い、最後には興味も失せて投げ出してしまう。しかし、専門課程に進むと、知らず知らずのうちに、いろいろな場面でその手法を使うことになるので、これならば、もう少し基礎を勉強していればよかったと後悔することになる[2]。

人間というものは現金なもので、必要性を感じてこそ、まじめに取り組もうという意欲が湧く。よほど奇特なひとでないかぎり、具体的に何に役

---

[1] 欧米では、必ずしも日本の和算術の方が先であるとは認められていない。日本では、関が 1683 年よりも前に「解伏題之法」で発表している。1690 年に井関知辰が「算法発揮」に世界で初めて刊行した。うれしいことに、米国で使った線形代数の教科書には Kowa Seki が行列式を発明したひとりと書いてあった。

[2] ただし、専門課程で使う線形代数は、それほど複雑ではないので、その時になって復習すれば苦労はしない。むしろ、その具体的効用が実感できるので、かえって理解が進む場合もある。

立つかが分からないのに、「将来役に立つ」とだけ言われて真剣に取り組もうという気は起こらない。

　そこで、いったい線形代数とはどういうもので、それが何の役に立つかを説明することを本書の目的とした。他の多くの数学分野にも共通しているが、はじめは連立 1 次方程式の解法が主目的であった線形代数も、その構成要素である行列、ベクトル、行列式ともに汎用性に優れているため、多くの分野へ波及し、大活躍している。

　特に、線形代数と量子力学の関わりは圧巻である。これについては第 5 章で実感できるようにまとめたつもりである。そもそも線形代数で使われる行列やベクトルは、明確な物理量とは対応していなかった抽象的なものである。ところが、その抽象性こそが量子力学の発展の原動力につながり、しかも、実際の位置やエネルギーなどの物理量と対応するようになったのである。これについては、数学の専門家でさえも驚いたと聞いている。

　線形代数に限らず、数学に取り組んでいて、いつも驚かされるのは、数学の多くの概念が誕生初期の考えから大きく飛躍して、種々の自然科学の記述に役立っている点である。自然は数学の言葉で書かれていると言われるが、多くの場面でまさにその通りと実感させられる。

　線形代数は、大学数学の中でも無味乾燥な代表に挙げられるが、決してそうではない。その事実を本書では明らかにしていく。それでは、実際にその本質に迫ってみよう。

第 1 章 ベクトル

序章で紹介したように、線形代数 (linear algebra) の骨格をなすのは、ベクトル (vector)、行列 (matrix) および行列式 (determinant) の3つである。もともと、線形代数は多くの変数 (variables) からなる連立 1 次方程式 (simultaneous linear equations) を解くために開発された手法である。このため、概念そのものに数学としての斬新性はない。

しかし、数学の汎用性のおかげで、線形代数の構成要素であるベクトル、行列、および行列式は多くの分野で使われるようになり、それぞれの特徴を生かした飛躍を遂げている。中でも、ベクトルは、もともと線形代数のために生まれたものではない。複数の情報量を運ぶ媒体という役目がその本質である。また、我々が住んでいる世界は 3 次元空間であるから、本来、正確な位置を示すためには、たて、横、高さの 3 個の情報が必要になる。この 3 個の情報量を有するものがベクトルである。

本章では、構成要素のひとつであるベクトルの意味と、その効用にせまってみる。

1.1. ベクトルは 1 次元からの解放

数学の基本は、もちろん数 (number) である。自然数 (natural numbers) からはじまり、0 (zero) の発見や負 (minus) の整数の発明、そして分数 (fraction)、小数 (decimal)、有理数 (rational number)、無理数 (irrational number)、究極の複素数 (complex number) まで、その歴史は興味のつきない話題に満ちている。

われわれのまわりを見渡しても、数字はいたるところで使われており、現代生活には欠かせないものとなっている。だからこそ、大事な基礎学問

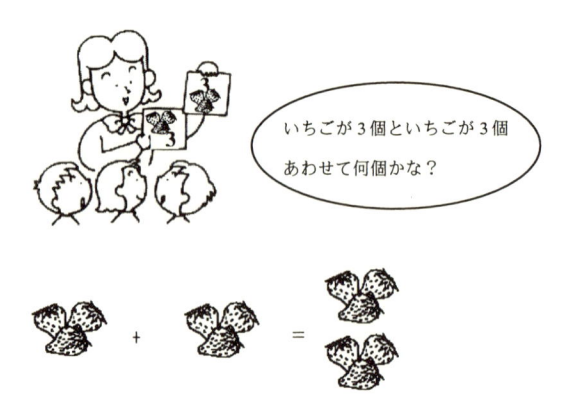

図1-1　小学校で足し算をはじめて習うときには、いきなり数字では抽象的すぎるので、具体的に数を数えられるものを使う。例えば、いちごが3個あるところに、さらにいちごが3個増えると、あわせて6個になる。
　同じ、方式でかけ算を教えることもできる。この場合、いちごが3個のった皿が2個あったらいちごは合計で何個になるかという問題を利用する。

として小学校の1年生から必修科目として算数 (arithmetic) を習うのである。しかし、これだけ数字が大切であるのに、数の学問である「数学」(mathematics) は、かなりのひとから忌み嫌われている。

　この原因のひとつは、その高度な抽象性のために、歴史的に導入された経緯、(つまり、どのような必要性のうえで、その数学的概念が導入されたかという経緯) とは違った側面から、完成された学問として教育が行われていることにある。実は、ベクトルという考えにも同じことがあてはまる。ベクトルというと鳥肌がたつというひとが多い。まず名前がおどろおどろしい。もっと親しみのある名前になぜしなかったのかという批判もある。(vectorの原語はラテン語で「運び屋」という意味である。実際に生物学におけるvectorはベクターと呼んで遺伝子情報の運び屋のことを指す。)

　さらに、ベクトルを表示するには数字が2個3個と必要になり、1個でさえいやなものが、ぞろぞろ並んでいては近寄りがたいという指摘もある。しかし、ベクトルは数という1次元 (one dimension) の狭い世界からの解放をもたらす強力な武器なのである。

　そこで、まずベクトルがなぜ重要かについて簡単な例で考えてみたい。

第1章　ベクトル

図1-2　それでは、同じ授業で、先生がいちご3個とみかん3個を取り出して、これらを足し合せてごらんと聞いたらどうであろうか。合計して6個と大人は納得するかもしれないが、その答では、すんなり納得しない子供の方が多いのではなかろうか。

小学校の1年生の算数では、10以下の正の整数とその足し算を習う。この時、いきなり数字から入ったのでは抽象的すぎるため、分かりやすくするのに、図1-1のような具体的に数えられるものを道具に使う。例えば、いちごが3個といちごが3個あれば、あわせて6個になる。数式では $3+3=6$ と書ける。(もっと欲張れば、これは $3 \times 2 = 6$ というかけ算の説明にも使える。)このように、より具体的なものを扱いながら数の概念を自然と体得できるような工夫がなされている。

しかし、いまの例では足しあわせるものが同じいちごであったから問題がないが、これが図1-2のように、いちご3個とみかんが3個であったらどうであろうか。抽象性をおもてに出せば、そのまま足して6個となって、先ほどと同じ答えがでる。大人は、それで済ませられるかもしれないが、子供にとっては、とても納得できないことであろう。いちごとみかんは明らかに違うものであるから、それを足すことはできない。これが子供の素直な感想である。

それでは、この問題を解決するにはどうすればよいだろうか。実は、数学的な対処は簡単で、それぞれを区別して表示する方法、つまりベクトルを使えばよいのである。つまり、2個の数字を使って(いちご、みかん)に対応させて(3,3)と表示する。このように数字を横に並べる表示方法を行

ベクトル (row vector) と呼んでいる。もちろん、数字をたてに並べて
$$\begin{pmatrix} 3 \\ 3 \end{pmatrix}$$
のように整理することもでき、このような表記を列ベクトル (column vector) と呼ぶ。実際に整理する場合には列ベクトルの方が見やすいが、紙面をむだに使うという欠点もある。

いま、列ベクトル表示を使って、いちご 3 個とみかん 3 個に、さらにいちご 2 個とみかん 1 個を足したらどうなるかという問題を表現すると
$$\begin{pmatrix} 3 \\ 3 \end{pmatrix} + \begin{pmatrix} 2 \\ 1 \end{pmatrix} = \begin{pmatrix} 3+2 \\ 3+1 \end{pmatrix} = \begin{pmatrix} 5 \\ 4 \end{pmatrix}$$
のように、果物の種類（成分）ごとに計算して、いちごは 5 個、みかんは 4 個と計算できる。このように整理した方がずっと分かりやすいし、子供も納得できる。ただし、これはベクトルの足し算なので小学校で教えることはできない。いちごとみかんを混同するよりは、この方が簡単と思うのであるが、残念ながらベクトルという概念を習うのは、ずっと後になってからである。

要は、ベクトルというのは異質なものの集まりを無理矢理ひとつの数字にまるめこむのではなく、同じグループごとにまとめて整理するという基本的な考えに基づいている。

いちごとみかんの例のように、変数が 2 個で整理するベクトルを専門的には 2 次元ベクトル (two dimensional vector) と呼んでいる。さらに、成分がもうひとつ増えて、たとえば、りんごも仲間にはいってきた場合には、3 個の数で整理することができる。これが 3 次元ベクトル (three dimensional vector) である。例えば、最初にいちご、みかん、りんごがそれぞれ 3 個、3 個、1 個あったときに、いちごが 2 個、みかんが 1 個、りんごが 4 個増えたという場合
$$\begin{pmatrix} 3 \\ 3 \\ 1 \end{pmatrix} + \begin{pmatrix} 2 \\ 1 \\ 4 \end{pmatrix} = \begin{pmatrix} 3+2 \\ 3+1 \\ 1+4 \end{pmatrix} = \begin{pmatrix} 5 \\ 4 \\ 5 \end{pmatrix}$$

として、3次元ベクトルの足し算で表現できる。この方が、はるかに整理されていて分かりやすい。

このように、変数が増えれば、原理的には何次元にも増やせることになる。つまり、ベクトルは雑多な変数が混在している場合に、それを成分ごとに整理して、分かりやすく表示したものなのである。線形代数の教科書によっては、冒頭からいきなり n 次元ベクトル (n dimensional vector) が登場し、度胆を抜かされる場合もあるが、要は変数の数が n 個ということである。

線形代数において連立1次方程式を解くという観点からすれば、ベクトルに関しては、ほぼ、この基本概念さえ理解していれば、とりあえずは十分である。ただし、数学のつねでベクトルは、いろいろな応用につながっていくのである。

1.2. ベクトルと幾何学

ベクトルは基本的には「複数の変数からなる数の集まり」とみなすことができる。しかし、ベクトルは、幾何学、つまり平面や空間と一緒になることで大きな飛躍を遂げる。ただし、この場合に重要なのは2次元と3次元のベクトルである。(それ以上に変数が増えても図示することはできないし、理工系で使うのは実空間を表現できる3次元までで十分である。例外もあるが。)

まず、図1-3に示すように、あらゆる数字は、数直線と呼ばれる無限の長

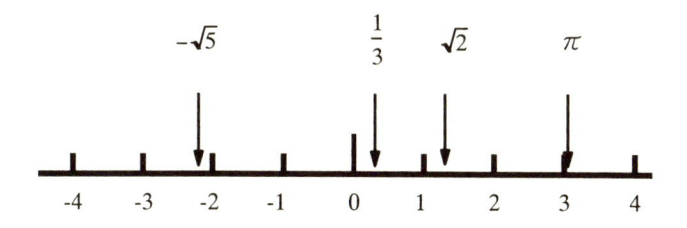

図1-3 すべての実数は、無理数も分数も含めて1本の数直線(長さ無限)で表現することができる。いわば、1次元の世界である。

さの 1 本の線ですべて表示することが可能である。この中には無理数も含まれる。しかし、1 個の数字に頼っている限りは、1 次元（つまり線）の世界からは抜けだせない。2 次元（つまり平面）に拡張するには、2 個の数字が必要になる。例えば、2 個の数字を使って (x, y) と表記すれば図 1-4 に示すように、xy 平面(plane) のすべての点を表示することができる。同様に、3 個の数字を使って(x, y, z) と表記すれば xyz 空間、つまり 3 次元空間 (three dimensional space) のすべての点を表示することができる。一方、これら座標 (coordinate) は、複数の数で特徴づけられており、一種のベクトルと考えることも可能であり、実際に位置ベクトル (position vector) と呼ばれている。

しかし、ベクトルが大活躍するのは、つぎのように、ベクトルが「大きさ (magnitude) と方向 (direction) をもった量 (quantity)あるいは存在 (entity)」であると考えた時である。これがベクトルの一般的な定義である。このようにベクトルは少なくとも 2 つ以上の情報を含んでいるので、数字も複数必要である。（数字の個数だけ情報を含んでいる。）

また、一般のベクトルは、座標に描いたときにどこに始点があろうと構わない。始点を決めないと不便のように感じるが、応用上はこの方が便利である。このような自由度を与えておいたうえで、位置ベクトルのように始点 (the starting point) はすべて (0, 0) の原点 (the origin) であるという規定を後からつければよいからである。

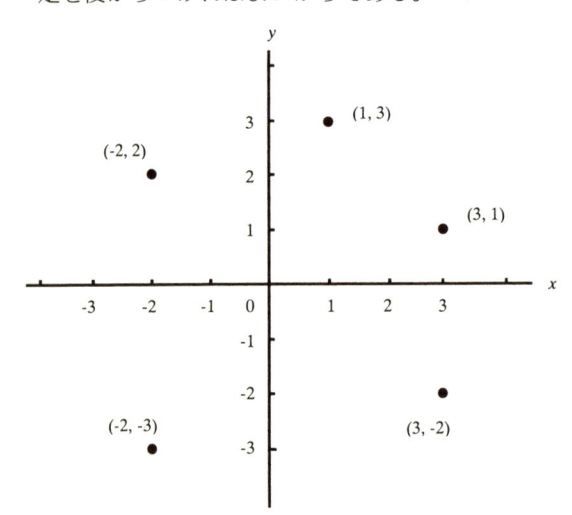

図 1-4 2 個の数字を使えば、すべての平面の点を表現することができる。

第 1 章　ベクトル

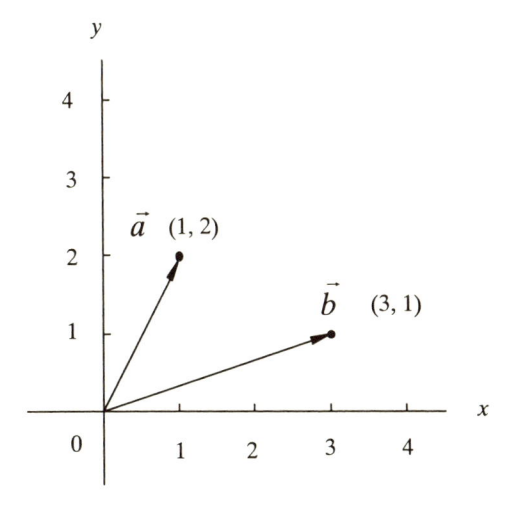

図 1-5　2 次元平面上の点は、すべて 2 個の数字で表現できる。ここで始点を原点として、この位置まで矢印を引けば、平面内での位置に対応したベクトルとみなすこともできる。このとき、平面内のすべての点がひとつの位置ベクトルに対応する。

　ベクトルの表記方法としては a, b と太字にしたり、$\vec{a}, \vec{b}$ と記号の上に矢印をつけて表記する。あるいは始点と終点 (the end point) がはっきりしている場合は、それぞれの点を A および B とすると $\overrightarrow{AB}$ というように表記することもできる。本書では、誤解をさけるために、矢印表記を採用する。
　それでは、さっそくベクトルについて考えてみよう。いま

$$\vec{a} = \begin{pmatrix} 1 \\ 2 \end{pmatrix} \quad \vec{b} = \begin{pmatrix} 3 \\ 1 \end{pmatrix}$$

というふたつのベクトルを考えてみよう。これらは 2 個の数字からできており、2 次元ベクトルである。これらを、位置ベクトルと考えると、図 1-5 のように xy 平面の点に対応する。このままでもよいのであるが、原点を始点として、これらの点まで矢印を引くと、この矢印そのものが、大きさと方向を持つことになる。これが一般のベクトルの定義である。

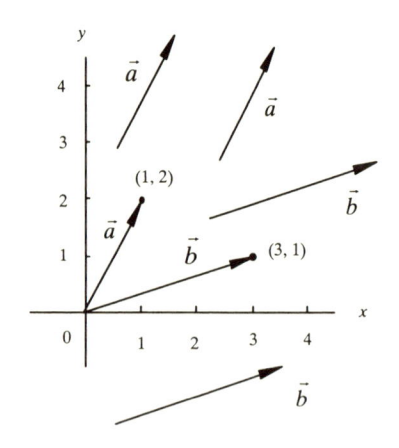

図 1-6 位置ベクトルは原点を始点とするベクトルであるが、より一般的にはベクトルは大きさと方向を持った量である。よって、図に示すように、大きさと矢印の方向が同じベクトルはすべて、同じベクトルと考えられる。

ただし、より広義には、ベクトルは始点を原点に限る必要はなく、図 1-6 のように、座標（たとえば xy 平面）のどの位置にいても、大きさと方向さえ同じならば、同じベクトルとみなせる。このときのベクトルを

$$\vec{a} = \begin{pmatrix} 1 \\ 2 \end{pmatrix}$$

と書くと、これら数字の組み合わせは、もはや座標上の点ではなく、x 方向に 1、y 方向に 2 進むベクトルという意味になる。同様に

$$\vec{b} = \begin{pmatrix} 3 \\ 1 \end{pmatrix}$$

は x 方向に 3、y 方向に 1 進むベクトルと考えることができる。これらベクトルの大きさは、ピタゴラスの定理 (Pythagoras' theorem) を使って

$$|\vec{a}| = \sqrt{1^2 + 2^2} = \sqrt{5} \qquad |\vec{b}| = \sqrt{3^2 + 1^2} = \sqrt{10}$$

と簡単に求められる。ここで、ベクトルの大きさは、絶対値記号と同じ表

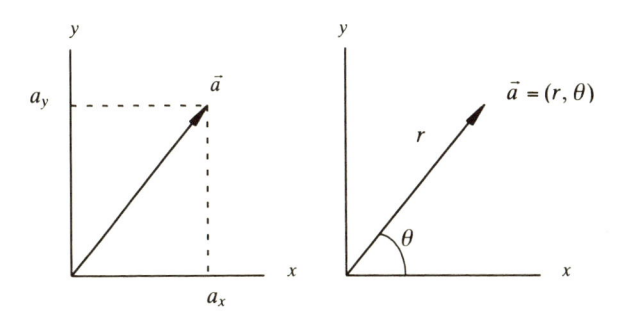

図 1-7　2 次元ベクトルの情報量は 2 個であるから、座標 (a_x, a_y) で表現してもよいし、あるいは長さと x 軸の正方向からの角度 (r, θ) で表現してもよい。

記で示す。これらはベクトルに対してスカラー (scalar) と呼ぶ[1]。

さらに、ベクトルの方向は x 軸の正軸からの角度 θ で示すこともでき、ベクトル $\vec{a}, \vec{b}$ に対して

$$\cos\theta_a = \frac{1}{\sqrt{5}}, \quad \sin\theta_a = \frac{2}{\sqrt{5}}, \quad \tan\theta_a = \frac{2}{1}$$

$$\cos\theta_b = \frac{3}{\sqrt{10}}, \quad \sin\theta_b = \frac{1}{\sqrt{10}}, \quad \tan\theta_b = \frac{1}{3}$$

という角度で方向を規定できる。つまり、2 次元ベクトルの情報量は 2 個であるから、これを (x, y) で表現してもよいし、まったく、同じものを、図 1-7 に示すように、その大きさと方向（角度 θ）の 2 個の変数で表現することもできる。

より一般化して書くと、ベクトル

$$\vec{a} = \begin{pmatrix} a_x \\ a_y \end{pmatrix}$$

---

[1] 一般には、ベクトルに対して、方向を持たない大きさだけを示す量をスカラーと呼んでいる。普通の数字はスカラーということになる。scalar は scale に由来した用語で、scale はものさしの目盛やはかりの意味である。つまり大きさだけを示す言葉である。ちなみに英語の発音はスケイラーであり、日本語式にスカラーと発音しても通じない。

として、a_x が x 成分、a_y が y 成分であるとすると

$$|\vec{a}| = \sqrt{a_x^2 + a_y^2} \qquad a_x = |\vec{a}|\cos\theta_a \quad a_y = |\vec{a}|\sin\theta_a$$

という関係にある。

1.3. ベクトルの演算

　さて、普通の数字は加減乗除を自由にできるが、数字が複数あるベクトルの演算はどうなっているのであろうか。ベクトルの場合でも、ある規則に従えば、たし算とひき算を自由に行うことが可能である。しかも、それが xy 平面や、xyz 空間の中で矛盾なく図示できるために、大きな威力を発揮するのである。

　まず、すでに 1.1 項で示したいちごとみかんの例のルールにしたがって、ベクトルの足し算は、それぞれの成分の足し算とする。すると

$$\vec{a} + \vec{b} = \begin{pmatrix} 1 \\ 2 \end{pmatrix} + \begin{pmatrix} 3 \\ 1 \end{pmatrix} = \begin{pmatrix} 4 \\ 3 \end{pmatrix}$$

という結果が得られる。ベクトルの演算は、このルール、つまり成分ごとに足したり、引いたりするという取り決めに従えば、すべて矛盾なく行なえる。例えば引き算は

$$\vec{a} - \vec{b} = \begin{pmatrix} 1 \\ 2 \end{pmatrix} - \begin{pmatrix} 3 \\ 1 \end{pmatrix} = \begin{pmatrix} -2 \\ 1 \end{pmatrix}$$

よって、同じベクトルどうしの引き算は

$$\vec{a} - \vec{a} = \begin{pmatrix} 1 \\ 2 \end{pmatrix} - \begin{pmatrix} 1 \\ 2 \end{pmatrix} = \begin{pmatrix} 0 \\ 0 \end{pmatrix}$$

となることが分かる。数字の 0 と同じように、ベクトルにおいても成分がすべて 0 のベクトルが存在し、これをゼロベクトル (zero vector) と呼び、$\vec{0}$ のように表記する。よって

$$\vec{a} + \vec{0} = \vec{0} + \vec{a} = \vec{a}$$

の関係が得られる。

つぎに $-\vec{a}$ は $\vec{a}$ と同じ大きさを持ち、方向がまったく逆のベクトルである。これはベクトルにスカラー (-1) をかけたものと見ることもできる。

ベクトルの足し算においては、順序を変えても全く同じ結果が得られるから

$$\vec{a} + \vec{b} = \vec{b} + \vec{a}$$

となって、交換法則 (commutative law) が成り立つことが分かる。(もちろん引き算では交換法則は成り立たない。) つぎに

$$\vec{a} + \vec{a} = \begin{pmatrix} 1 \\ 2 \end{pmatrix} + \begin{pmatrix} 1 \\ 2 \end{pmatrix} = \begin{pmatrix} 2 \\ 4 \end{pmatrix}$$

$$\vec{a} + \vec{a} + \vec{a} = \begin{pmatrix} 1 \\ 2 \end{pmatrix} + \begin{pmatrix} 1 \\ 2 \end{pmatrix} + \begin{pmatrix} 1 \\ 2 \end{pmatrix} = \begin{pmatrix} 3 \\ 6 \end{pmatrix}$$

の関係にあるから、ベクトルに整数をかける場合、成分ごとに整数を乗じればよいことが分かる。これを拡張して、n を適当な実数とすると

$$\vec{a} = \begin{pmatrix} a_x \\ a_y \end{pmatrix} \text{のとき} \qquad n\vec{a} = \begin{pmatrix} na_x \\ na_y \end{pmatrix}$$

のように、成分ごとに n 倍すればよいことが分かる。(ゼロベクトルは $n = 0$ の場合に対応している。)

さらに任意の実数を m として、上のルールを適用すれば

$$(m+n)\vec{a} = \begin{pmatrix} (m+n)a_x \\ (m+n)a_y \end{pmatrix} = \begin{pmatrix} ma_x \\ ma_y \end{pmatrix} + \begin{pmatrix} na_x \\ na_y \end{pmatrix} = m\begin{pmatrix} a_x \\ a_y \end{pmatrix} + n\begin{pmatrix} a_x \\ a_y \end{pmatrix} = m\vec{a} + n\vec{a}$$

と計算できるから

$$(m+n)\vec{a} = m\vec{a} + n\vec{a}$$

同様にして

$$(m-n)\vec{a} = m\vec{a} - n\vec{a}$$

となって、いわゆる分配法則 (distributive law) が成り立つことが確かめられる。これによって、ベクトルは、いろいろな組み合わせに分配可能である。例えば

$$10\vec{a} = 5\vec{a} + 5\vec{a} \quad 10\vec{a} = 6\vec{a} + 4\vec{a} \quad 10\vec{a} = 7\vec{a} + 3\vec{a} \quad 5\vec{a} = 10\vec{a} - 5\vec{a}$$

と変形したり、あるいは

$$\vec{a} = \frac{1}{2}\vec{a} + \frac{1}{2}\vec{a} \quad \vec{a} = \frac{1}{3}\vec{a} + \frac{2}{3}\vec{a} \quad \vec{a} = \frac{2}{5}\vec{a} + \frac{3}{5}\vec{a} \quad \frac{2}{3}\vec{a} = \vec{a} - \frac{1}{3}\vec{a}$$

と自由に変形することが可能となる。

ここで一般化のため、ベクトル $\vec{a}$, $\vec{b}$ として

$$\vec{a} = \begin{pmatrix} a_x \\ a_y \end{pmatrix} \quad \vec{b} = \begin{pmatrix} b_x \\ b_y \end{pmatrix}$$

を考える。このとき

$$m(\vec{a} + \vec{b}) = m\begin{pmatrix} a_x + b_x \\ a_y + b_y \end{pmatrix} = \begin{pmatrix} ma_x + mb_x \\ ma_y + mb_y \end{pmatrix}$$

$$= \begin{pmatrix} ma_x \\ ma_y \end{pmatrix} + \begin{pmatrix} mb_x \\ mb_y \end{pmatrix} = m\begin{pmatrix} a_x \\ a_y \end{pmatrix} + m\begin{pmatrix} b_x \\ b_y \end{pmatrix} = m\vec{a} + m\vec{b}$$

よって

$$m(\vec{a} + \vec{b}) = m\vec{a} + m\vec{b}$$

となって、ベクトルの方の分配法則も成り立つことが分かる。このように、ベクトルの演算は成分ごとに行うという基本ルールを定めると、自由に足したり、ひいたり、実数倍することができる。

第 1 章　ベクトル

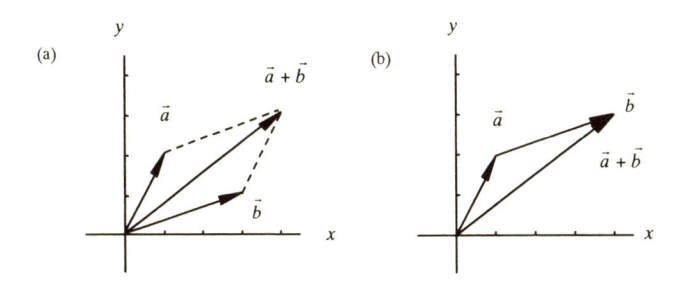

図 1-8　ベクトルの足し算。
　(a) ベクトルの足し算は、それぞれのベクトル $\vec{a}$ および $\vec{b}$ を辺とする平行四辺形をつくった時の対角線となる。これをベクトルの足し算における平行四辺形の法則と呼んでいる。
　(b) ただし、ベクトルの始点は自由であるので、ベクトル $\vec{a}$ の終点にベクトル $\vec{b}$ の始点を重ねて、ベクトル $\vec{a}$ の始点からベクトル $\vec{b}$ の終点まで矢印を引くことで、合成したベクトル $\vec{a}+\vec{b}$ が得られる。

1.4.　ベクトル演算の図示

ここで、ベクトルと xy 平面の関係を調べるため、ベクトルの和を図 1-8(a) のように図示してみる。このとき、$\vec{a}+\vec{b}$ は $\vec{a},\vec{b}$ を辺とする平行四辺形 (parallelogram) の対角線 (diagonal) となる。これをベクトルの平行四辺形の法則 (Law of parallelogram) と呼んでいる。
　一般にはベクトルは始点を規定しないので、ベクトル $\vec{b}$ の始点がベクトル $\vec{a}$ の終点に重なるように描くと、図 1-8(b)のように $\vec{a}$ の始点から $\vec{b}$ の終点まで線を引いたベクトルが、その和 $\vec{a}+\vec{b}$ となる。
　つぎに、ベクトルの引き算の図示を考えてみる。$\vec{a}-\vec{b}$ を書き換えると

$$\vec{a}-\vec{b}=\vec{a}+\left(-\vec{b}\right)=\begin{pmatrix}1\\2\end{pmatrix}+\begin{pmatrix}-3\\-1\end{pmatrix}=\begin{pmatrix}-2\\1\end{pmatrix}$$

となって、ベクトルの引き算は、

$$\text{ベクトル}\begin{pmatrix}1\\2\end{pmatrix}\text{と}\quad-\vec{b}=\begin{pmatrix}-3\\-1\end{pmatrix}\text{の足し算}$$

とみなすこともできる。ここで、ベクトルの足し算を思い出して、これら

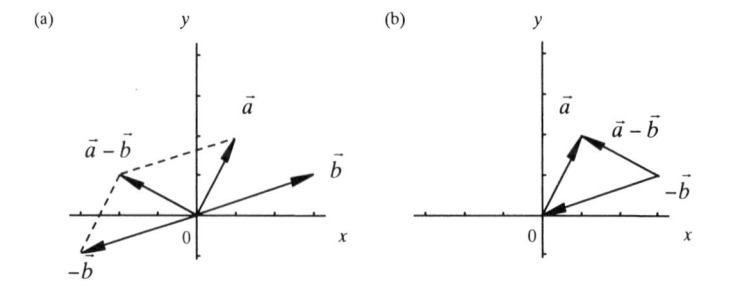

図 1-9 ベクトルの引き算。
　(a) ベクトルの引き算は、引く方のベクトルを $-\vec{b}$ で表示し、足し算と同じ要領で平行四辺形の法則に従って、実行すればよい。
　(b) あるいは、引く方のベクトルを反転させて足し算の要領で最初のベクトルの始点から、つぎのベクトルの終点まで矢印を引けばよい。

を2辺とする平行四辺形を図示すると図 1-9(a) のようになる。すると、このベクトルの終点は

$$\begin{pmatrix} -2 \\ 1 \end{pmatrix}$$

となって、確かに計算結果と一致している。ここで、図 1-9(b) に示すように、ひき算のベクトルを $\vec{b}$ を反転させて描いたうえで、矢印にそってベクトルを追っていくと、図のような結果が得られる。つまり、ベクトルでは始点が規定されないため、自由に移動することができる。(ただし、位置ベクトルとして始点をつねに原点にとると、図 1-9(a) が唯一の解となる。)

それでは、ベクトルの数がさらに増えた場合の和を考えてみよう。一般化するために

$$\vec{a} = \begin{pmatrix} a_x \\ a_y \end{pmatrix} \quad \vec{b} = \begin{pmatrix} b_x \\ b_y \end{pmatrix} \quad \vec{c} = \begin{pmatrix} c_x \\ c_y \end{pmatrix}$$

のベクトルを考える。このとき、この3つのベクトルの和は

$$\vec{a} + \vec{b} + \vec{c} = \begin{pmatrix} a_x \\ a_y \end{pmatrix} + \begin{pmatrix} b_x \\ b_y \end{pmatrix} + \begin{pmatrix} c_x \\ c_y \end{pmatrix} = \begin{pmatrix} a_x + b_x + c_x \\ a_y + b_y + c_y \end{pmatrix}$$

となるが、これは

$$\vec{a}+\vec{b}+\vec{c} = (\vec{a}+\vec{b})+\vec{c} = \begin{pmatrix} a_x + b_x \\ a_y + b_y \end{pmatrix} + \begin{pmatrix} c_x \\ c_y \end{pmatrix} = \begin{pmatrix} a_x + b_x + c_x \\ a_y + b_y + c_y \end{pmatrix}$$

と計算しても

$$\vec{a}+\vec{b}+\vec{c} = \vec{a}+(\vec{b}+\vec{c}) = \begin{pmatrix} a_x \\ a_y \end{pmatrix} + \begin{pmatrix} b_x + c_x \\ b_y + c_y \end{pmatrix} = \begin{pmatrix} a_x + b_x + c_x \\ a_y + b_y + c_y \end{pmatrix}$$

と計算しても同じ答えが得られるので

$$(\vec{a}+\vec{b})+\vec{c} = \vec{a}+(\vec{b}+\vec{c})$$

の結合法則 (associative law) が成り立つことを示している。このように、ベクトルの計算は成分ごとの足し算やひき算、あるいは、実数のかけ算であれば、自由に行うことができる。さらに、これら演算はベクトルを図示した場合にも、矛盾なく1対1に対応する。このような空間を線形空間 (linear space) と呼んでいる。あるいは、ベクトル空間 (vector space) と呼ぶこともある。

　また、以上の関係はどんなにベクトルの変数が増えたとしても、成分どうしの関係に還元できるから、すべて同様に成立することは容易に分かるであろう。ただし、頭の中で図を描くことができるのは、3次元ベクトル空間までである。

　一般の線形代数では、ベクトル演算の基本ルールは、どんなに変数が多くても成り立つことから、n次元ベクトルというものを考える。これをもって、n次元空間の取り扱いができるという主張もあるが、いかがなものであろうか。このような一般化は、だれも頭の中で描くことができないから、かえって混乱を与えるだけである。素直に、n変数のn次元ベクトルについては、n個の変数を同時に扱ううまい方法ぐらいに考えていた方が無難である。大体にして、3次元空間でさえ、2次元平面に比べると図示するのがはるかに面倒である。

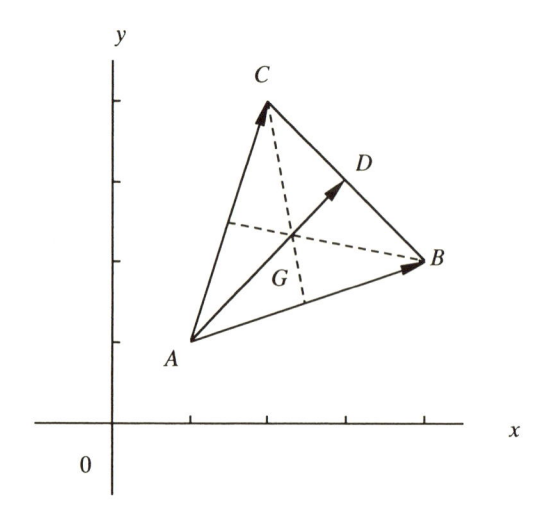

図1-10 三角形 ABC の重心。重心 G は、点 B と点 C の中点を D とすると、$\overrightarrow{AG} = (2/3)\overrightarrow{AD}$ の関係で与えられる。

演習 1-1 2次元平面の2点を $A(a_x, a_y)$ および $B(b_x, b_y)$ として、ベクトル $\overrightarrow{AB}$ の成分を求めよ。

解） それぞれの点の位置ベクトルを $\vec{a}$ および $\vec{b}$ とすると $\overrightarrow{AB} = \vec{b} - \vec{a}$ であるから成分表示では $(b_x - a_x, b_y - a_y)$ となる。

演習 1-2 三角形 ABC の各頂点を $A(a_x, a_y)$、$B(b_x, b_y)$、$C(c_x, c_y)$ としたとき、この三角形の重心の座標を示せ。

解） 図1-10に示すように、点 B と C の中点を D とすると

$$\overrightarrow{AD} = \frac{\overrightarrow{AB} + \overrightarrow{AC}}{2}$$

となる。ここで、重心点を $G(g_x, g_y)$ とすると

$$\overrightarrow{AG} = \frac{2}{3}\overrightarrow{AD} = \frac{2}{3}\left(\frac{\overrightarrow{AB}+\overrightarrow{AC}}{2}\right) = \frac{\overrightarrow{AB}+\overrightarrow{AC}}{3}$$

で与えられる。演習 1-1 の結果を使うと

$$\overrightarrow{AG} = \frac{\overrightarrow{AB}+\overrightarrow{AC}}{3} = \frac{(\vec{b}-\vec{a})+(\vec{c}-\vec{a})}{3} = \frac{\vec{b}+\vec{c}-2\vec{a}}{3}$$

これを成分で書くと

$$\overrightarrow{AG} = \left(\frac{b_x+c_x-2a_x}{3}, \frac{b_y+c_y-2a_y}{3}\right)$$

と与えられる。ここで重心 G の位置ベクトルを $\vec{g}$ とすると

$$\overrightarrow{AG} = \vec{g} - \vec{a} \qquad \therefore \vec{g} = \overrightarrow{AG} + \vec{a}$$

であるから、結局

$$\vec{g} = \overrightarrow{AG} + \vec{a} = \left(\frac{a_x+b_x+c_x}{3}, \frac{a_y+b_y+c_y}{3}\right)$$

となる。

1.5. ベクトルのかけ算

　ベクトルのかけ算として、(ベクトル)×(スカラー) つまり (ベクトル)×(実数) のかけ算を考えると、図 1-11 に示すように、それはベクトルの方向はそのままで (負の数をかけると方向が逆転するが)、単にその大きさを変える操作である。

　ところで、ベクトルどうしをかけたらどうなるのであろうか。何の下準備もなく、ベクトルどうしのかけ算を頭の中で思い浮かべろと言われても無理である。

　しかし、数学の抽象性あるいは汎用性の利点で、ベクトルどうしのかけ

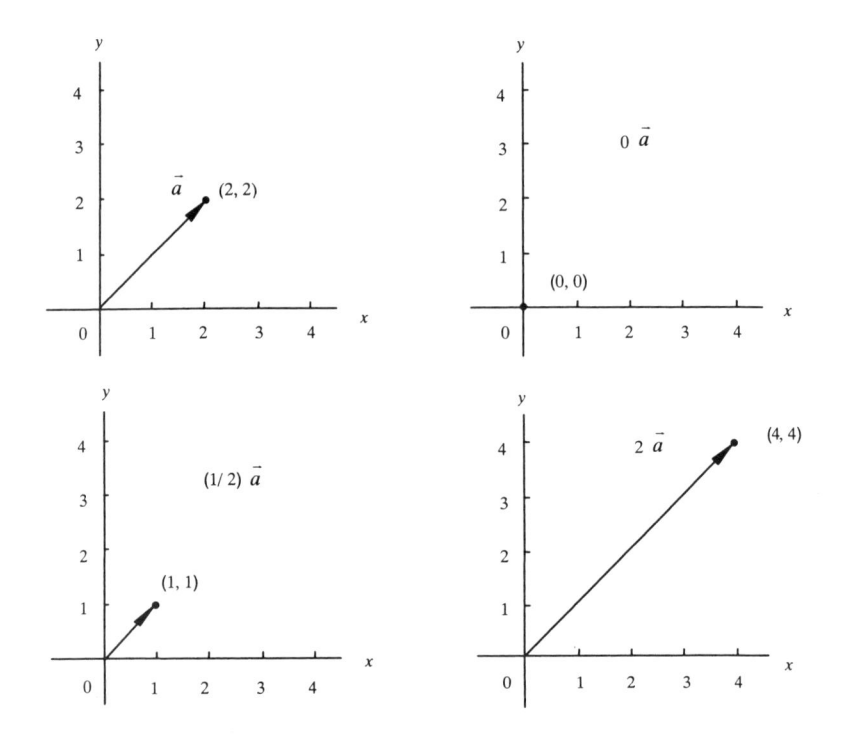

図1-11　ベクトルと実数のかけ算。ベクトルに実数をかけると、その方向は変わらずに、大きさだけが変化する。ただし、負の数をかけた場合は方向が反転する。

算に関して、ある取り決めをしてやると、すべて矛盾なく論理展開ができるうえ、非常に広範囲な応用が可能になる。実は、ベクトルどうしのかけ算には2種類あって、「内積」(inner product)と「外積」(outer product)が定義されている。

1.5.1. ベクトルの内積

実数（スカラー）どうしのかけ算では、$a \cdot b$ と書いても $a \times b$ と書いて

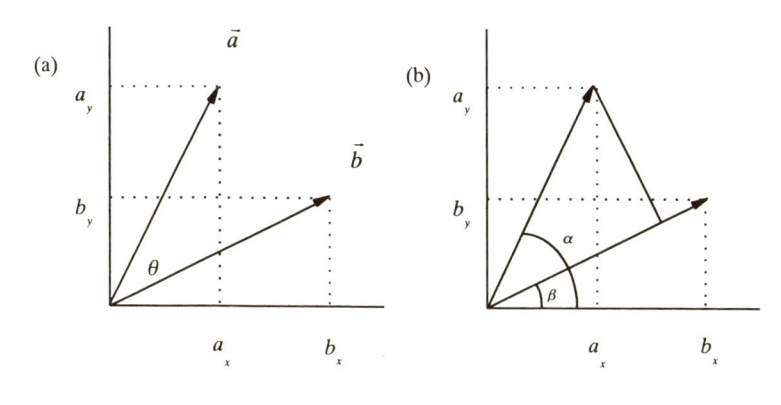

図 1-12

も、同じかけ算であるがベクトルではまったく別なものとなる。ベクトルでは、それぞれ内積と外積に対応するが、この表記そのままに、ドット積 (dot product) とクロス積 (cross product) とも呼ばれる。アメリカでは outer product とはあまり呼ばずに cross product あるいは、後で紹介する vector product という呼称が使われる。

　さて、ベクトルのかけ算については、何か根底に確たる理屈があってできているものではない。よって、その定義から出発するしかしようがない。まず内積について説明しよう。いま

$$\vec{a} = \begin{pmatrix} a_x \\ a_y \end{pmatrix} \quad \vec{b} = \begin{pmatrix} b_x \\ b_y \end{pmatrix}$$

というふたつのベクトルを考える。このとき、図 1-12(a)に示すように、これら 2 つのベクトルがなす角を θ としたとき

$$\vec{a} \cdot \vec{b} = |\vec{a}||\vec{b}|\cos\theta$$

という値を内積と呼んでいる。この値はベクトルではなくスカラーである。このため内積のことをスカラー積 (scalar product) とも呼ぶ。成分で表示すると

$$\vec{a}\cdot\vec{b} = a_x b_x + a_y b_y$$

で与えられる。確かに、内積と呼ばれるように、それぞれのベクトル成分のかけ算（積）となっている。

ベクトルの内積は、行ベクトルと列ベクトルを使って、つぎのような表記をすることもある。

$$\vec{a}\cdot\vec{b} = \begin{pmatrix} a_x & a_y \end{pmatrix} \begin{pmatrix} b_x \\ b_y \end{pmatrix} = a_x b_x + a_y b_y$$

この表記方法は、成分の数が増えたときにもそのまま使えるので便利である。

まず、内積に関する 2 つの定義について、その関係を調べてみよう。図 1-12(b)のように、ベクトル $\vec{a}, \vec{b}$ が x 軸となす角をα, β とすると

$$\vec{a}\cdot\vec{b} = |\vec{a}||\vec{b}|\cos\theta = |\vec{a}||\vec{b}|\cos(\alpha - \beta) = |\vec{a}||\vec{b}|(\cos\alpha\cos\beta + \sin\alpha\sin\beta)$$

で与えられる（cos の加法定理(addition theorem)をつかっている——補遺 1-1 参照）。ここで

$$\cos\alpha = \frac{a_x}{|\vec{a}|} \quad \cos\beta = \frac{b_x}{|\vec{b}|} \quad \sin\alpha = \frac{a_y}{|\vec{a}|} \quad \sin\beta = \frac{b_y}{|\vec{b}|}$$

の関係にあるので、上式に代入すると

$$\vec{a}\cdot\vec{b} = |\vec{a}||\vec{b}|(\cos\alpha\cos\beta + \sin\alpha\sin\beta) = |\vec{a}||\vec{b}|\left(\frac{a_x b_x}{|\vec{a}||\vec{b}|} + \frac{a_y b_y}{|\vec{a}||\vec{b}|}\right) = a_x b_x + a_y b_y$$

となって、ベクトル内積のふた通りの表記が等しいことが分かる。

ちなみに、同じベクトルどうしの内積は

$$\vec{a} \cdot \vec{a} = |\vec{a}||\vec{a}|\cos 0 = |\vec{a}|^2$$

$$\vec{a} \cdot \vec{a} = a_x a_x + a_y a_y = a_x^2 + a_y^2$$

となって、自身の大きさの 2 乗となる。よって、ベクトルの大きさを内積をつかって

$$|\vec{a}| = \sqrt{\vec{a} \cdot \vec{a}}$$

のように表記することができる。これをノルム (norm) と呼ぶこともある。

内積を使うと、その成分から 2 つのベクトルがなす角度を求めることができる。最初の内積の定義を変形すると

$$\cos\theta = \frac{\vec{a} \cdot \vec{b}}{|\vec{a}||\vec{b}|}$$

となるが、$\vec{a} \cdot \vec{b} = a_x b_x + a_y b_y$ であり

$$|\vec{a}| = \sqrt{a_x^2 + a_y^2}, \quad |\vec{b}| = \sqrt{b_x^2 + b_y^2}$$

の関係にあるから、角度は

$$\cos\theta = \frac{a_x b_x + a_y b_y}{\sqrt{a_x^2 + a_y^2}\sqrt{b_x^2 + b_y^2}}$$

で与えられることになる。

演習 1-3 ベクトル $\vec{a} = (1, 3)$ と $\vec{b} = (2, 1)$ の内積と、これらベクトルがなす角を求めよ。

解) 定義より、内積は $\vec{a} \cdot \vec{b} = 1 \cdot 2 + 3 \cdot 1 = 5$ と与えられる。つぎに、こ

れらベクトルがなす角をθとすると

$$\cos\theta = \frac{5}{\sqrt{1^2+3^2}\sqrt{2^2+1^2}} = \frac{5}{\sqrt{10}\sqrt{5}} = \frac{1}{\sqrt{2}}$$

と計算できるので、これらベクトルのなす角は $\pi/4$ であることが分かる。

それでは内積の定義は分かったが、いったい内積はどんな意味をもっているのであろうか。これは、方向の異なるベクトルの相互作用の大きさの尺度である。例えば、図 1-13 に示すように、飛行機の速度とジェット気流の関係について考えてみよう。飛行機の速度も大きさと方向があるから、ベクトルである。これを$\vec{v}$と置く。つぎに、ジェット気流も大きさと方向があるから、これを$\vec{j}$として、この内積を計算すると

$$\vec{v}\cdot\vec{j} = |\vec{v}||\vec{j}|\cos\theta$$

であるが、この値がいちばん大きいのは$\theta = 0$のときである。これは飛行機の飛ぶ方向とジェット気流の方向が一致したときであり、このとき一番大

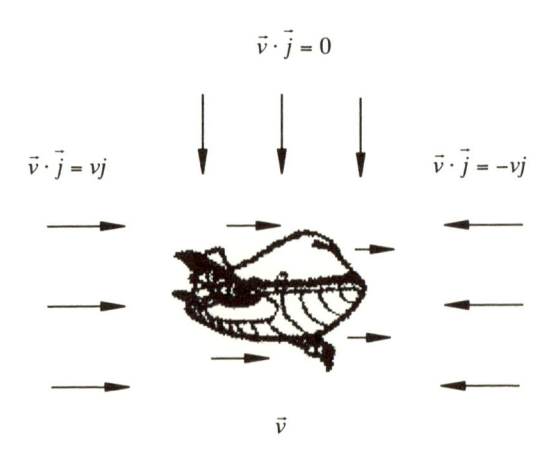

図 1-13 ベクトルの内積。飛行機の速度ベクトル$\vec{v}$を気流の強さをベクトル$\vec{j}$とすると、その内積$\vec{v}\cdot\vec{j}$は気流が飛行機の速度に及ぼす影響の度合を示している。

図1-14 物理における仕事 (W) は、物体に及ぼす力 (F)と、物体を移動させた距離 (s)のかけ算で表される。力の方向と、移動する方向が一致する場合には、単純なかけ算ですむが、本来は力も移動距離も「大きさと方向を持っている量」なので、ベクトルで表現されるべきものである。この場合の仕事は、内積で与えられる。

きい効果が得られる。つぎに、$\theta = \pi/2$ のときは、ジェット気流が飛行機の飛ぶ方向の真横から吹いている場合であるが、このときの内積は

$$\vec{v} \cdot \vec{j} = |\vec{v}||\vec{j}|\cos\frac{\pi}{2} = 0$$

となる。つまり、相互作用は 0 となって、飛行機の飛ぶ速さに、ジェット気流は影響を与えないことになる。一方、$\theta = \pi$ のとき、マイナスの相互作用が最大となるが、これは飛行機が真正面からジェット気流をアゲンストの風として受ける状態に相当する。

このように、ベクトルどうしの相互作用の度合を計る指標が内積である。ただし、内積は、このような間接的な指標としてだけでなく、より直接的な物理量を与える。例えば、仕事について考えてみる。ある物体を力 F で距離 s だけ移動したときの仕事 (W) は

$$W = Fs$$

で与えられる。この仕事は、広義にはエネルギーであり、物体を移動させるのに、これだけのエネルギーを消費したことになる。ところで、少し考

えれば分かるが、力は単なるスカラーではなく、方向もあるので図 1-14 に示すように、ベクトル $\vec{F}$ とするのが正しい。一方、移動する距離も、実際には大きさと方向が考えられるので、これもベクトル $\vec{s}$ と表記する必要がある。ただし、仕事は大きさしかないのでスカラー量である。ここで、内積は 2 つのベクトルからスカラー量を取り出すものであった。実際に、この場合の仕事は

$$W = \vec{F} \cdot \vec{s}$$

と与えられる。このとき、力の方向と移動方向が一致したときに仕事量は最大となる。この方向が、角度 θ だけずれると、その効果は $\cos\theta$ に従って、減少していく。

このように内積が、物理量に直接対応する例がたくさんある。幸か不幸か、自然現象はすべて 3 次元空間で生じるため、多くの物理量は本来はベクトルである。実際に、多くの物理現象を表現する公式はベクトルで表示されている。このとき、普段はスカラー量のかけ算で済ましているものが、正確にはベクトルどうしの内積で表示すべきというものが圧倒的に多いのである。

例えば、磁気エネルギー E は、磁化ベクトル（物質がどの方向にどれだけ磁化されているか）を $\vec{m}$、磁場ベクトルを $\vec{H}$ とすると

$$E = \vec{m} \cdot \vec{H}$$

で与えられる。ただし、簡単に表記する時は

$$E = mH \quad E_x = m_x H_x$$

と済ます場合が多い。（ちなみに、物理実験においては複雑さをさけるために、両方のベクトルの方向をそろえて実験する場合がある。この場合は 2 番目の式で正しい値が得られる。）厳密には、これらの式は

$$E = m_x H_x + m_y H_y + m_z H_z$$

と表記すべきなのである。このように、内積には、エネルギーを代表として、いろいろな物理量が具体的に対応する。

さらに、数学における内積の重要な役割として、「ふたつのベクトルが直

交 (orthogonal) する場合には、その内積が 0 となる」という重要な性質がある。逆にベクトルどうしの内積を計算して 0 になれば、そのふたつのベクトルは直交していると言える。例えば、ベクトルとして

$$\vec{a} = \begin{pmatrix} a_x \\ a_y \end{pmatrix} \quad \vec{b} = \begin{pmatrix} b_x \\ b_y \end{pmatrix}$$

があって、これが

$$\vec{a} \cdot \vec{b} = a_x b_x + a_y b_y = 0$$

の関係を満たしていれば、ふたつのベクトルは直交関係にある。

さらに、内積は、変数の数が増えても同様に扱うことが可能である。変数が増えて 4 次元以上になれば、内積を図示することはできないが、成分ごとの積と考えれば、いくらでも多次元ベクトルに対応できる。

例えば、つぎの 2 つの 3 次元ベクトルを考える。

$$\vec{a} = \begin{pmatrix} a_x \\ a_y \\ a_z \end{pmatrix} \quad \vec{b} = \begin{pmatrix} b_x \\ b_y \\ b_z \end{pmatrix}$$

すると、この内積は

$$\vec{a} \cdot \vec{b} = \begin{pmatrix} a_x & a_y & a_z \end{pmatrix} \begin{pmatrix} b_x \\ b_y \\ b_z \end{pmatrix} = a_x b_x + a_y b_y + a_z b_z$$

で与えられる。変数の数が 4 個、5 個と増えてもまったく同じ方法で内積を求められる。(これを 2 つのベクトルがなす角を θ として計算する手法は、イメージとして 3 次元までしか使えないが。)

そこで、多次元ベクトルの内積のイメージを与えるものとして、つぎの例題を考えてみよう。もともと、ベクトルは複数の変数を整理したものであった。この基本にもどって考えてみよう。いま $\vec{a}$ という 4 次元ベクトルがあるが、それは、いちご、みかん、りんご、バナナの個数を表すと考える。それぞれの数が 4 個、3 個、2 個、5 個とすると、ベクトルは

$$\vec{a} = (4\ 3\ 2\ 5)$$

と書くことができる。（本来は列ベクトルで書きたいが、紙面の無駄遣いになるので行ベクトルで書いた。）つぎに、$\vec{b}$ という 4 次元ベクトルは、それぞれの果物の値段を表すとする。この時、それぞれの単価が 5 円、30 円、50 円、20 円とすると

$$\vec{b} = (5\ 30\ 50\ 20)$$

というベクトルをつくることができる。さて、これらの内積をとると

$$\vec{a} \cdot \vec{b} = (4\ 3\ 2\ 5)\begin{pmatrix} 5 \\ 30 \\ 50 \\ 20 \end{pmatrix} = 4 \cdot 5 + 3 \cdot 30 + 2 \cdot 50 + 5 \cdot 20 = 310$$

となって、何のことはない果物をベクトル $\vec{a}$ の個数だけ買ったときの値段の総額である。

　もちろん、ベクトルに何をとるかによって、内積の意味も違ってくるが、変数が多いベクトルの内積のイメージとして、このような具体例を思い浮かべれば、まごつかない。

演習1-4　ベクトル $(1, 1)$ と直交するベクトルを求めよ。

解） 任意のベクトルを (x, y) と置くと、直交の条件は内積が 0 であったから

$$(x\ y)\begin{pmatrix} 1 \\ 1 \end{pmatrix} = x + y = 0$$

これより、$y = -x$ を満足するベクトルは、すべて $(1, 1)$ と直交する。別な視点に立てば、これは $y = x$ という直線と $y = -x$ という直線が直交することを示している。

$|\vec{c}| = |\vec{a}||\vec{b}|\sin\theta$

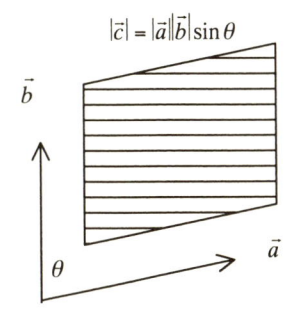

図 1-15　ベクトル $\vec{a}$ と $\vec{b}$ との外積（ベクトル $\vec{c} = \vec{a} \times \vec{b}$）の大きさは、このふたつのベクトルがつくる平行四辺形の面積となる。また、その方向は、ふたつのベクトルに垂直な方向である。

1.5.2. ベクトルの外積

ベクトルの内積はスカラーである。ところで、スカラーは 1 個の数字で表現されるのに対し、ベクトルは複数の数字で表現されるから、それだけ情報量も多いという説明をした。とすれば、ベクトルの方が上位概念と考えられる。にもかかわらず、ベクトルどうしのかけ算がスカラーにしかならないというのは何か違和感がある。

実は、ベクトルどうしのかけ算でも、その結果がベクトルになるものがある。それが外積 (outer product) である。しかし、はじめて外積を習うと、ほとんどのひとは、いったいこんなものを定義して何の役に立つのかという印象を受けるのではないだろうか。外積は

$$\vec{a} \times \vec{b} = \vec{c}$$

と書いて、ベクトル $\vec{c}$ で与えられる。このようにベクトルの外積では、その結果がベクトルとして与えられるので、ベクトル積 (vector product) とも呼ばれる。ベクトル $\vec{a}, \vec{b}$ のなす角を θ とすると、その大きさは

$$|\vec{c}| = |\vec{a}||\vec{b}|\sin\theta$$

で与えられる。図 1-15 に示すように、この大きさは $\vec{a}, \vec{b}$ がつくる平行四辺形 (parallelogram) の面積に相当する。また、$\vec{c}$ の向きは、ベクトル $\vec{a}, \vec{b}$ のそれぞれに直交する方向（つまりベクトル $\vec{a}, \vec{b}$ がつくる面に対して垂直方向）である。よって、$\vec{a}, \vec{b}$ が xy 平面にあるとすると、$\vec{c}$ の方向は z 軸方向

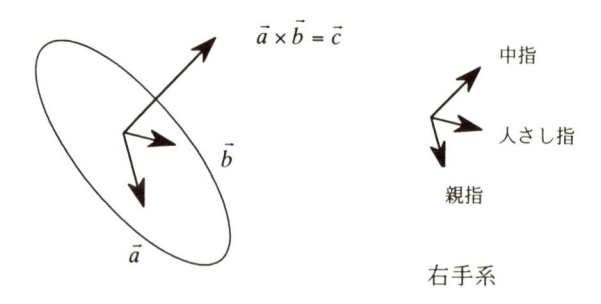

図 1-16　外積ベクトルの方向。ふたつのベクトルの外積 $\vec{a} \times \vec{b}$ は、これらベクトルを含む平面に対して垂直な方向であり、いわゆる右手系 (right handed system)と呼ばれる法則に従う。右手の親指の方向を $\vec{a}$、人さし指の方向に $\vec{b}$ をとると、外積は中指の指す方向になる。

ということになる。(この事実は、外積は 3 次元ベクトルでしか定義できないことを示している。)

　さらに、その正負の向きは、ベクトルのかけ算の順序によって変わり、右ネジの法則 (right-handed screw rule) あるいは右手系 (right-handed system) と呼ばれる約束に従う。例えば、$\vec{a} \times \vec{b}$ の場合には $\vec{a}$ から $\vec{b}$ の方向に右ネジを回したときに、ネジが進む方向がベクトル $\vec{c}$ の正の向きとなる。あるいは、右手の親指、人さし指、中指をたてて、親指が $\vec{a}$ の向き、人さし指が $\vec{b}$ の向きとすると、中指の方向がベクトル $\vec{c}$ の正の方向となる。(普通の 3 次元空間の xyz 座標が、この順序になっている)。図 1-16 に示したベクトル $\vec{a}, \vec{b}$ の場合には、$\vec{c}$ の正の向きは図に書いた方向になる。また、ベクトルの順序を変えると、符号が反転する。つまり

$$\vec{a} \times \vec{b} \neq \vec{b} \times \vec{a} \text{ であり、} \vec{b} \times \vec{a} = -\vec{c}$$

となる。ここで、内積と比較すると、内積はふたつのベクトルが平行の場合に、その値がもっとも大きくなるが、外積は、その逆で平行の場合には 0 となり、ふたつのベクトルが直交している場合にもっとも大きくなる。

　定義に従えば、以上のことが分かるが、一体全体、どうしてベクトルの積としてこのようなものが必要なのであろうか。最初にベクトルの外積を習うときには、この定義を聞いただけで終わってしまうため、高いところにむりやり上げられて、はしごをはずされたような気分になる。

ところが、専門課程に進むと、いろいろな場面でベクトルの外積に出会う。理屈で説明することはできないが、多くの自然現象において、ベクトルの外積が重要な物理量を表現するのに役立っているのである。特に、電磁気学 (electromagnetism) においてはベクトル積が主役となる。例えば、磁場 (magnetic field) があるところで電流 (electric current) を流すと電磁力 (electromagnetic force) が働く。これら諸量はすべてベクトルである。磁場ベクトルを $\vec{B}$ 、電流ベクトルを $\vec{I}$、電磁力ベクトルを $\vec{F}$ とすると

$$\vec{F} = \vec{I} \times \vec{B}$$

という関係が与えられる。これは、発電やモータの特性を支配する基本公式である。しかし、考えればこの現象は不思議である。磁場や電流の向きとは関係のない方向に力が働くというのである。自然現象がそうなっているから、受け入れざるを得ないが、これが電磁気学を分かりにくくしている一因である。

ところで、この関係は外積であるから、右手系に従う。つまり、電流を親指、磁場を人さし指とすると、力は中指の方向である[2]。

また、電流は、電荷 (electric charge) の流れであり、電荷を q とし、その速度ベクトルを $\vec{v}$ とすると

$$\vec{I} = q\vec{v}$$

であるから、最初の式は

$$\vec{F} = q\vec{v} \times \vec{B}$$

となるが、これは荷電粒子 (charged particle) が磁場中で運動するときの基本式となる（図 1-17 参照）。この式から、荷電粒子が磁場からうける力は、その運動に対して垂直であるので、磁場を使って荷電粒子を加速することができないことも分かる。（素粒子の研究に使われる加速器には強力磁石

---

[2] 一般には、フレミングの左手の法則 (Fleming's left-had rule) として知られているが、これは混乱を与える。この場合は、電流が中指、磁場が人差し指、親指が力となって、逆行しているので左手になる。外積のルールに従えば、混乱は起きない。実際に、アメリカの物理の授業では、右手系で習った記憶がある。

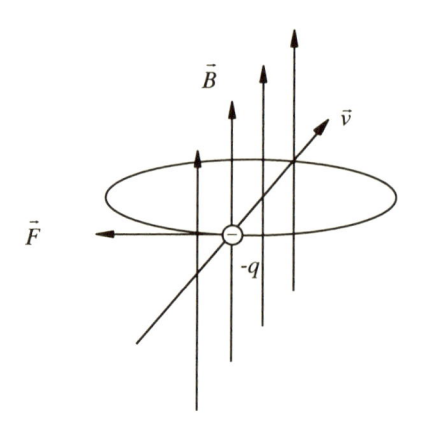

$$\vec{F} = -q\vec{v} \times \vec{B}$$

図1-17 運動している荷電粒子に磁場が及ぼす力の方向は、ベクトルの外積の方向である。つまり、磁場は荷電粒子を加速することはできない。どうして、こんな変な関係が成立するかは誰にも分からない。しかし、それを外積という数学の言葉で表現することはできる。電磁気学が分かりにくいのは、この直感では理解しにくい外積という関係が自然界に存在するという事実に集約される。

が使われているが、それは電子などの荷電粒子を加速するためではなく、その軌道を円形に保つために使われている。)
　このように自然界において、電気と磁気などの相互作用を解析する場合、ベクトル積で表現されるケースが多く、ベクトル積が重宝される理由となっている。(ただし、自然現象を解析した結果こういう規則性が得られるということは経験的に分かっているが、肝心の、なぜベクトル積のような変な関係になるかは誰にも説明できていない。howが分かってもwhyが分からないというのは、自然科学の宿命であるが、もし説明できたら大変な成果である。)
　ベクトルの外積の場合も、内積と同様に成分表示をすることができる。ただし、当然のことながら外積は3次元空間でしか定義できない。2次元でも4次元でもだめである。(ほとんどの物理現象は3次元空間で生じるから、

これでも汎用性は高い。)

いま、2つの3次元ベクトルを成分で示して

$$\vec{a} = \begin{pmatrix} a_x \\ a_y \\ a_z \end{pmatrix} \quad \vec{b} = \begin{pmatrix} b_x \\ b_y \\ b_z \end{pmatrix}$$

と列ベクトルで表記すると、その外積は

$$\vec{c} = \vec{a} \times \vec{b} = \begin{pmatrix} a_y b_z - a_z b_y \\ a_z b_x - a_x b_z \\ a_x b_y - a_y b_x \end{pmatrix}$$

の成分を有する3次元ベクトルで与えられる。(ただし、3次元空間の図面を使ってこの計算をしようとすると大変な苦労をするので、つぎの基本ベクトルの項で、この外積が正しいことは証明する。)

1.5.3. 基本ベクトル

ここで、ベクトルを取り扱う場合に重要な概念として基本ベクトル (fundamental vector) と呼ばれるものがある。

基本ベクトルについて考える前に、xy 平面について、まず考えてみる。いま、図1-18のように互いに平行ではないベクトル$\vec{a}, \vec{b}$ があるとする。(このようなベクトルを専門的には線形独立[3] (linearly independent) と呼んでいる。)すると、xy 平面上にあるベクトルはすべて適当な実数 m, n を使うことで、つぎのように表せる。

$$\vec{p} = m\vec{a} + n\vec{b}$$

このような結合を線形結合(あるいは1次結合) (linear combination) と呼ぶ。

---

[3] 線形独立の正式な定義は

$$m\vec{a} + n\vec{b} = \vec{0}$$

が成立する条件が $m = 0$ かつ $n = 0$ であるとき、これらベクトルは線形独立であるという。

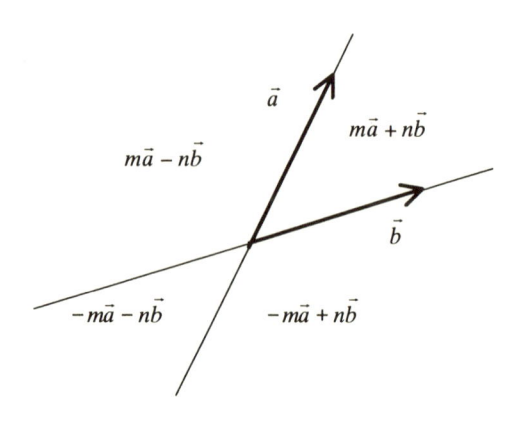

図 1-18　線形空間。2 次元平面は互いに平行ではないベクトル（専門的には線形独立なベクトル）が 2 個あれば、その線形結合ですべての平面を網羅することができる。このように、ベクトルの線形結合で張ることのできる空間を線形空間という。3 次元空間は、同様に 3 個の線形独立なベクトルですべての空間を張ることができる。

また、2 次元平面は、このようなベクトルの線形結合ですべて網羅できるので線形空間 (linear space) と呼ばれる。あるいはベクトル空間 (vector space) と呼ぶこともある。

　この関係は、すぐに 3 次元にも拡張できて、互いに線形独立なベクトルが 3 つあれば、xyz 空間上にあるベクトルは、すべて適当な実数、m, n, k を使うことで

$$\vec{q} = m\vec{a} + n\vec{b} + k\vec{c}$$

の線形結合で網羅することができる。頭の中だけの世界になるが、実は、同様の考えはルールさえ守れば、4 次元、5 次元、さらには無限次元 (infinite dimension) へと拡張できる。これについては、おいおい説明していく。

　このように、2 次元平面は 2 個のベクトルで、3 次元空間は 3 個のベクトルの線形結合で網羅できるならば、そのベクトルとして基本的なものをうまく採用すれば、その解析が簡単になる（と予想される）。

　そこで、この基本ベクトルとしては、図 1-19 に示すような x, y, z 軸に沿った大きさが 1 のベクトル（単位ベクトル (unit vector)）を採用する。

第 1 章　ベクトル

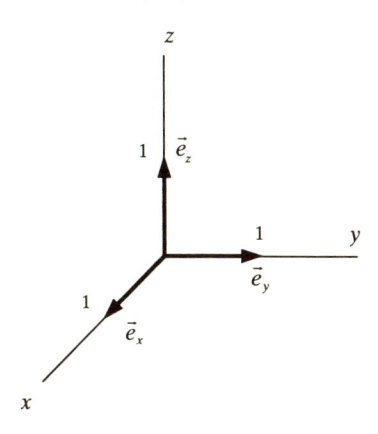

図 1-19　基本的な単位ベクトルは、それぞれの軸に平行な長さ 1 のベクトルである。

単位ベクトルを、列ベクトルで表記すると、2 次元の場合には

$$\vec{e}_x = \begin{pmatrix} 1 \\ 0 \end{pmatrix} \quad \vec{e}_y = \begin{pmatrix} 0 \\ 1 \end{pmatrix}$$

また、3 次元の場合には

$$\vec{e}_x = \begin{pmatrix} 1 \\ 0 \\ 0 \end{pmatrix} \quad \vec{e}_y = \begin{pmatrix} 0 \\ 1 \\ 0 \end{pmatrix} \quad \vec{e}_z = \begin{pmatrix} 0 \\ 0 \\ 1 \end{pmatrix}$$

となる。このような単位ベクトルを使うと、座標の点を位置ベクトルとすると、座標がそのまま、これら単位ベクトルの係数となる。このようなベクトルを基本ベクトル (fundamental vector) あるいは基底 (basis) と呼ぶ。例えば

$$\vec{a} = \begin{pmatrix} a_x \\ a_y \end{pmatrix}$$

というベクトルは

$$\vec{a} = a_x \vec{e}_x + a_y \vec{e}_y$$

のように、基本ベクトルの線形結合で書くことができる。まったく同様にして3次元ベクトル

$$\vec{a} = \begin{pmatrix} a_x \\ a_y \\ a_z \end{pmatrix}$$

は

$$\vec{a} = a_x \vec{e}_x + a_y \vec{e}_y + a_z \vec{e}_z$$

と基本ベクトルの線形結合で表現できる。さらに、この表記が便利であるのは、例えば、内積に関しては

$$\vec{e}_x \cdot \vec{e}_x = 1 \quad \vec{e}_x \cdot \vec{e}_y = 0 \quad \vec{e}_x \cdot \vec{e}_z = 0$$

という簡単な関係が、また、外積に対しては

$$\vec{e}_x \times \vec{e}_y = \vec{e}_z \quad \vec{e}_y \times \vec{e}_z = \vec{e}_x \quad \vec{e}_z \times \vec{e}_x = \vec{e}_y$$

という基本的な関係が成立するからである。以上の関係を使って、内積と外積の計算が可能となる。まず

$$\vec{a} = \begin{pmatrix} a_x \\ a_y \end{pmatrix} \qquad \vec{b} = \begin{pmatrix} b_x \\ b_y \end{pmatrix}$$

の内積を単位ベクトルをつかって計算してみよう。これらベクトルは

$$\vec{a} = a_x \vec{e}_x + a_y \vec{e}_y \qquad \vec{b} = b_x \vec{e}_x + b_y \vec{e}_y$$

と表すことができる。すると内積は

$$\vec{a} \cdot \vec{b} = \left(a_x \vec{e}_x + a_y \vec{e}_y \right) \cdot \left(b_x \vec{e}_x + b_y \vec{e}_y \right)$$

これを計算すると

$$\vec{a}\cdot\vec{b} = a_x b_x \vec{e}_x \cdot \vec{e}_x + a_x b_y \vec{e}_x \cdot \vec{e}_y + a_y b_x \vec{e}_y \cdot \vec{e}_x + a_y b_y \vec{e}_y \cdot \vec{e}_y$$
$$= a_x b_x \times 1 + a_x b_y \times 0 + a_y b_x \times 0 + a_y b_y \times 1$$
$$= a_x b_x + a_y b_y$$

となって、確かに先ほど求めた内積の成分表示が得られる。さらに、任意のベクトル $\vec{a}$ と単位ベクトルの内積をとると、そのベクトルの成分を求めることができる。たとえば

$$\vec{a}\cdot\vec{e}_x = \begin{pmatrix} a_x \\ a_y \end{pmatrix}\begin{pmatrix} 1 & 0 \end{pmatrix} = a_x \cdot 1 + a_y \cdot 0 = a_x$$

$$\vec{a}\cdot\vec{e}_y = \begin{pmatrix} a_x \\ a_y \end{pmatrix}\begin{pmatrix} 0 & 1 \end{pmatrix} = a_x \cdot 0 + a_y \cdot 1 = a_y$$

となって、基本ベクトルとの内積は、その成分となる。

つぎに、直接3次元空間の図を利用して計算することをしなかった外積についても、基本ベクトルを使って計算してみよう。外積の場合は3次元ベクトルが対象となるから、つぎの2つのベクトルを考える。

$$\vec{a} = \begin{pmatrix} a_x \\ a_y \\ a_z \end{pmatrix} \qquad \vec{b} = \begin{pmatrix} b_x \\ b_y \\ b_z \end{pmatrix}$$

すると、これらベクトルは基本ベクトルを使うと

$$\vec{a} = a_x \vec{e}_x + a_y \vec{e}_y + a_z \vec{e}_z \qquad \vec{b} = b_x \vec{e}_x + b_y \vec{e}_y + b_z \vec{e}_z$$

と表すことができる。ここで、これらベクトルの外積は

$$\vec{a}\times\vec{b} = (a_x\vec{e}_x + a_y\vec{e}_y + a_z\vec{e}_z)\times(b_x\vec{e}_x + b_y\vec{e}_y + b_z\vec{e}_z)$$
$$= a_x b_x (\vec{e}_x \times \vec{e}_x) + a_x b_y (\vec{e}_x \times \vec{e}_y) + a_x b_z (\vec{e}_x \times \vec{e}_z)$$
$$+ a_y b_x (\vec{e}_y \times \vec{e}_x) + a_y b_y (\vec{e}_y \times \vec{e}_y) + a_y b_z (\vec{e}_y \times \vec{e}_z)$$
$$+ a_z b_x (\vec{e}_z \times \vec{e}_x) + a_z b_y (\vec{e}_z \times \vec{e}_y) + a_z b_z (\vec{e}_z \times \vec{e}_z)$$

と整理できる。ここで、それぞれの項ごとにベクトル積を計算すると

$$\vec{a} \times \vec{b} = a_x b_x \times 0 + a_x b_y \vec{e}_z - a_x b_z \vec{e}_y - a_y b_x \vec{e}_z + a_y b_y \times 0 + a_y b_z \vec{e}_x$$
$$+ a_z b_x \vec{e}_y - a_z b_y \vec{e}_x + a_z b_z \times 0$$
$$= (a_y b_z - a_z b_y)\vec{e}_x + (a_z b_x - a_x b_z)\vec{e}_y + (a_x b_y - a_y b_x)\vec{e}_z$$

という結果が得られる。これを列ベクトルに書き直すと

$$\vec{a} \times \vec{b} = \begin{pmatrix} a_y b_z - a_z b_y \\ a_z b_x - a_x b_z \\ a_x b_y - a_y b_x \end{pmatrix}$$

となる。

1.6. ベクトルの微積分

　ベクトルが、2次元平面や3次元空間において、力や速度などの物理量を表現するのに使われるという話をした。とすれば、ベクトルの微分 (differentiation) や積分 (integration) はどうなるのであろうか。
　もちろん、ベクトルの微積分 (calculus) は自由に行うことができる。もともと、速度ベクトル ($\vec{v}$) 自体が位置ベクトル ($\vec{r}$) の時間微分である。ここで微分の定義を思い出すと、ある関数 $f(x)$ の微分とは

$$\frac{df(x)}{dx} = \lim_{\Delta x \to 0} \frac{f(x + \Delta x) - f(x)}{\Delta x}$$

であった。これを、そのまま速度ベクトルにあてはめると

$$\vec{v} = \frac{d\vec{r}(t)}{dt} = \lim_{\Delta t \to 0} \frac{\vec{r}(t + \Delta t) - \vec{r}(t)}{\Delta t}$$

となる。ベクトルの微分は、やはり成分ごとに分けて考えればよい。すなわち

$$\vec{v} = \begin{pmatrix} v_x \\ v_y \end{pmatrix}, \quad \vec{r} = \begin{pmatrix} r_x \\ r_y \end{pmatrix}$$

とすると

$$v_x = \frac{dr_x(t)}{dt} = \lim_{\Delta t \to 0} \frac{r_x(t + \Delta t) - r_x(t)}{\Delta t}$$

$$v_y = \frac{dr_y(t)}{dt} = \lim_{\Delta t \to 0} \frac{r_y(t + \Delta t) - r_y(t)}{\Delta t}$$

のように成分ごとの微分で与えられる。3次元ベクトルにおいても、まったく同様である。ところで、積分は微分の逆演算であることが知られている。つまり、ベクトルの微分が可能ということは、その逆の積分もできるということになる。いまの位置ベクトルと速度ベクトルの微分関係を使うと

$$\vec{r} = \int_0^t \vec{v} dt$$

という関係が得られる。このように、ベクトルを微分したものも、積分したものもベクトルとなる。

　線形代数を物理数学へ応用する場合には、微分や積分は一緒に使われる場合が多い。これは、微積分が自然現象を解析する場合の常套手段であること、また、微積分自身が線形性を有するため線形代数との相性がよいからである。

　ここで微積分の線形性とは、適当な関数 $f(x), g(x)$ があって、任意の実数を m, n とすると

$$\frac{d}{dx}(mf(x) + ng(x)) = m\frac{df(x)}{dx} + n\frac{dg(x)}{dx}$$

$$\int (mf(x) + ng(x))dx = m\int f(x)dx + n\int g(x)dx$$

の関係が成立することである。

演習 1-5 ある物体の位置ベクトルが次のような時間 (t) の関数で与えられているとき、このベクトルの微分を求めよ。

$$\vec{r}(t) = \begin{pmatrix} a_x t^2 \\ v_y t \\ v_z t + b \end{pmatrix}$$

解） 成分ごとに微分を求めればよいので

$$\frac{d\vec{r}(t)}{dt} = \begin{pmatrix} 2a_x t \\ v_y \\ v_z \end{pmatrix} \qquad \frac{d^2\vec{r}(t)}{dt^2} = \begin{pmatrix} 2a_x \\ 0 \\ 0 \end{pmatrix}$$

となる。

1.7. ベクトルの拡張：n 次元ベクトル

冒頭で紹介したように、そもそもベクトルというのは複数の数字を使って、複数の情報を伝達するものである。含まれる数字の個数にしたがって、2 次元ベクトル、3 次元ベクトルなどと呼ばれる。ところで 2 次元平面および 3 次元空間は、それぞれ 2 個の 2 次元ベクトルおよび 3 個の 3 次元ベクトルの線形結合ですべて網羅できる。（あるいは、3 次元空間のすべてのベクトルは 3 個の線形独立したベクトルを使って表現することができる。）このような空間を線形空間あるいは、ベクトル空間と呼ぶことも紹介した。

特に、これらの基本的なベクトルを互いに直交する大きさが 1 の単位ベクトル（これらを基本ベクトル、あるいは基底と呼ぶ）とすることで、数学的取り扱いが簡単になることも紹介した。これら空間ベクトルは、実際の物理現象を表現するのに有効であるため（というよりも物理量のほとんどがベクトルであるため）、多くの物理公式の記述はベクトルで行われてい

る[4]。

　ところで、ベクトルの基本は「複数の数字の集合」であるから、当然、4次元（つまり数字の数が 4 個）以上のベクトルを考えることもできることを紹介した。残念ながら 4 次元以上のベクトルを図示することはできないが、3 次元ベクトルで行ったように、ベクトルの演算が成分ごとの演算に還元されるという基本ルールを適用すれば、ベクトル空間の性質は、4 次元ベクトル以上にも、そのままあてはめることができる。

　数学というのは、基本的な概念が生まれれば、それを拡張することが自由なので（抽象性が高いので拡張が可能な場合が多い）、ベクトルという概念も、一般化することで n 次元ベクトルというものを考える。そして、n 次元ベクトルで構成された空間（実際には存在しないが）を想像して、n 次元空間[5]と呼ぶ。

　しかし、線形代数の講義などで、ほとんどバックグランドがない状態で、いきなり n 次元ベクトルや n 次元空間を、あたかも実在するかのように話をされると、多くの初学者はいったいそれはどこにあるのかととまどってしまう。これは線形代数の悲劇である。

　よほど幾何学的才能に恵まれたひとでないかぎり、3 次元図形のイメージを描くのは容易なことではない。ほとんどのひとは 2 次元をイメージするのがやっとである。実際に、3 次元を解析する場合でも、部分的に取り出して 2 次元図面で解析するのが常である。それが、いきなり n 次元では投げ出したくなる気持ちも分からないではない。

　しかし、繰り返すが n 次元ベクトルとはいっても、単に数字（あるいは変数）が n 個あるだけの集まりと考えればよいのであって、その取り扱いも、結局は成分ごとに行うので、2 次元ベクトルと変わらない。

---

[4] もちろん、ベクトルの概念が発明される前はそうではなかった。例えばニュートンの時代にはベクトルの概念はなかったし、ベクトルが大活躍する電磁気学でも、有名なマックスウェル方程式 (Maxwell's equations) は当初はベクトルでは書かれていなかったのである。

[5] あるいは、もっと専門的に n 次元ユークリッド空間 (n dimensional Euclidean space) と呼ぶ。ユークリッド空間というのは、普通に直線はあくまで直線になる空間である。例えば、地球表面で直線を引いても宇宙空間からみると曲線となってしまうので、非ユークリッド空間（正確には平面か）である。

例として、つぎの n 次元ベクトルを考えたとき

$$\vec{a} = \begin{pmatrix} a_1 \\ a_2 \\ \vdots \\ a_n \end{pmatrix} \qquad \vec{b} = \begin{pmatrix} b_1 \\ b_2 \\ \vdots \\ b_n \end{pmatrix}$$

その線形結合は

$$m\vec{a} + n\vec{b} = m\begin{pmatrix} a_1 \\ a_2 \\ \vdots \\ a_n \end{pmatrix} + n\begin{pmatrix} b_1 \\ b_2 \\ \vdots \\ b_n \end{pmatrix} = \begin{pmatrix} ma_1 + nb_1 \\ ma_2 + nb_2 \\ \vdots \\ ma_n + nb_n \end{pmatrix}$$

となって、足し算、引き算、スカラーのかけ算の基本はまったく 2 次元ベクトルと同様である。さらに、内積も

$$\vec{a} \cdot \vec{b} = \begin{pmatrix} a_1 & a_2 & \cdots & a_n \end{pmatrix} \begin{pmatrix} b_1 \\ b_2 \\ \vdots \\ b_n \end{pmatrix} = a_1 b_1 + a_2 b_2 + \cdots + a_n b_n$$

と単に項の数が増えただけの話である。もちろん、外積が定義できるのは 3 次元ベクトルであるので、n 次元ベクトルには存在しない。微積分に関しても、項別に考えればよいので、難しい問題は何もない。

つぎに、n 次元ベクトルの基底ベクトル (vector basis) について考えてみよう。もっとも単純な基底は、当然のことながら

$$\underbrace{\begin{pmatrix} 1 \\ 0 \\ \vdots \\ 0 \end{pmatrix} \begin{pmatrix} 0 \\ 1 \\ \vdots \\ 0 \end{pmatrix} \cdots \begin{pmatrix} 0 \\ 0 \\ \vdots \\ 1 \end{pmatrix}}_{n}$$

からなる n 個の単位ベクトルである。これを標準基底 (standard basis) と呼ぶ。しかし、このような単純なベクトルではなくて、別の基底をつくる必要がもしあったとしたら、どうしたらよいであろうか。

1.8. 正規直交化基底ベクトル

例えば、つぎのベクトルを n 次元ベクトル空間の基底のひとつにする場合を考えてみよう。

$$\vec{a} = \begin{pmatrix} a_1 \\ a_2 \\ \vdots \\ a_n \end{pmatrix}$$

基底にするためには、この大きさを 1 にする必要がある。その操作は簡単で

$$\vec{e}_a = \frac{\vec{a}}{|\vec{a}|}$$

とすればよい。この操作を正規化 (normalization) と呼んでいる。その他の基底ベクトルは、このベクトルに直交するベクトルを順次探していく。このとき、内積をうまく利用する。ベクトル $\vec{e}_a$ と線形独立な n 次元ベクトル $\vec{b}$ （これは山ほどある）を考える。つぎに、基底ベクトル $\vec{e}_a$ との内積を計算して

$$\vec{e}_a \cdot \vec{b} = k$$

k という値が得られたとする。ここで新たに

$$\vec{b}' = \vec{b} - k\vec{e}_a$$

というベクトルをつくる。このベクトルと、基底ベクトル $\vec{e}_a$ との内積をとると

$$\vec{e}_a \cdot \vec{b}' = \vec{e}_a \cdot \vec{b} - k\vec{e}_a \cdot \vec{e}_a = k - k = 0$$

となって、ふたつのベクトルは直交関係にあることが分かる。そのうえで、その大きさを 1 にする操作（正規化）

$$\vec{e}_b = \frac{\vec{b}'}{|\vec{b}'|}$$

を行えばよい。これで、2 個めの基底ベクトルをつくることができた。それでは、つぎのベクトルはどうやって探すかというと、再び内積を利用する。すでに求めた 2 個の基底と線形独立なベクトル $\vec{c}$ を選び、2 個の基底ベクトルとの内積をとる。その値が

$$\vec{e}_a \cdot \vec{c} = l \qquad \vec{e}_b \cdot \vec{c} = m$$

のように、l と m であるとき、新たに

$$\vec{c}' = \vec{c} - l\vec{e}_a - m\vec{e}_b$$

というベクトルをつくる。このベクトルと、最初の 2 つの基底ベクトルとの内積をとると

$$\vec{e}_a \cdot \vec{c}' = \vec{e}_a \cdot \vec{c} - l\vec{e}_a \cdot \vec{e}_a - m\vec{e}_a \cdot \vec{e}_b = l - l - 0 = 0$$
$$\vec{e}_b \cdot \vec{c}' = \vec{e}_b \cdot \vec{c} - l\vec{e}_b \cdot \vec{e}_a - m\vec{e}_b \cdot \vec{e}_b = m - 0 - m = 0$$

となるので、いずれのベクトルとも直交関係にあることが分かる。そこで、最後に、このベクトルを正規化すると

$$\vec{e}_c = \frac{\vec{c}'}{|\vec{c}'|}$$

これが、3 番目の基底ベクトルとなる。この操作を順次繰り返していけば、手間はかかるものの、すべての基底ベクトルをつくることができる。この

ようにして、得られた基底ベクトルを正規直交化基底ベクトル (normalized orthogonal vector basis) と呼んでいる。また、内積を利用して基底ベクトルをつくる方法をシュミット (Schmidt) の正規直交化法 (orthogonalization process) と呼ぶ。(アメリカでは Gram-Schmidt orthogonalization process と呼ぶことが多い。)

演習 1-6 つぎの 3 次元ベクトルは互いに線形独立ではあるが、正規直交化ベクトルではない。これらベクトルをシュミットの方法を用いて、正規直交化せよ。

$$\vec{a}_1 = \begin{pmatrix} 1 \\ 1 \\ 0 \end{pmatrix} \quad \vec{a}_2 = \begin{pmatrix} 1 \\ 0 \\ 1 \end{pmatrix} \quad \vec{a}_3 = \begin{pmatrix} 0 \\ 1 \\ 1 \end{pmatrix}$$

解） まず最初のベクトルを正規化すると

$$\vec{e}_1 = \frac{\vec{a}_1}{|\vec{a}_1|} = \frac{1}{\sqrt{2}} \begin{pmatrix} 1 \\ 1 \\ 0 \end{pmatrix}$$

となる。つぎに内積をとると

$$\vec{e}_1 \cdot \vec{a}_2 = \frac{1}{\sqrt{2}} \begin{pmatrix} 1 \\ 1 \\ 0 \end{pmatrix} \begin{pmatrix} 1 & 0 & 1 \end{pmatrix} = \frac{1}{\sqrt{2}}$$

ここで

$$\vec{a}_2{}' = \vec{a}_2 - \frac{1}{\sqrt{2}} \vec{e}_1 = \begin{pmatrix} 1 \\ 0 \\ 1 \end{pmatrix} - \frac{1}{2} \begin{pmatrix} 1 \\ 1 \\ 0 \end{pmatrix} = \frac{1}{2} \begin{pmatrix} 1 \\ -1 \\ 2 \end{pmatrix}$$

よって

$$\vec{e}_2 = \frac{\vec{a}_2{}'}{|\vec{a}_2{}'|} = \frac{1}{2} \begin{pmatrix} 1 \\ -1 \\ 2 \end{pmatrix} \bigg/ \frac{\sqrt{6}}{2} = \frac{1}{\sqrt{6}} \begin{pmatrix} 1 \\ -1 \\ 2 \end{pmatrix}$$

とつぎの正規直交基底ベクトルが得られる。つぎに、これら正規直交ベクトルとベクトル $\vec{a}_3$ の内積をとると

$$\vec{e}_1 \cdot \vec{a}_3 = \frac{1}{\sqrt{2}}\begin{pmatrix}1\\1\\0\end{pmatrix}(0\ \ 1\ \ 1) = \frac{1}{\sqrt{2}} \qquad \vec{e}_2 \cdot \vec{a}_3 = \frac{1}{\sqrt{6}}\begin{pmatrix}1\\-1\\2\end{pmatrix}(0\ \ 1\ \ 1) = \frac{1}{\sqrt{6}}$$

であるから

$$\vec{a}_3{'} = \vec{a}_3 - \frac{1}{\sqrt{2}}\vec{e}_1 - \frac{1}{\sqrt{6}}\vec{e}_2 = \begin{pmatrix}0\\1\\1\end{pmatrix} - \frac{1}{2}\begin{pmatrix}1\\1\\0\end{pmatrix} - \frac{1}{6}\begin{pmatrix}1\\-1\\2\end{pmatrix} = \frac{2}{3}\begin{pmatrix}-1\\1\\1\end{pmatrix}$$

よって

$$\vec{e}_3 = \frac{\vec{a}_3{'}}{|\vec{a}_3{'}|} = \frac{2}{3}\begin{pmatrix}-1\\1\\1\end{pmatrix} \Bigg/ \frac{2\sqrt{3}}{3} = \frac{1}{\sqrt{3}}\begin{pmatrix}-1\\1\\1\end{pmatrix}$$

となる。

---

1. 9. 無限次元空間

さらに、飛躍して n が無限のベクトル空間も考えることができる。これを無限次元ベクトル空間 (infinite dimensional vector space) と呼んでいる。ここまで来ると、驚きを通り越してあきれ顔になるひともいるが、後ほど紹介するように、関数の無限級数展開とベクトルとの関係が明らかになってくると、無限次元空間が実際に役に立つこともあるのである。

無限次元空間を受け入れられるかどうかは、本人の資質にもよるが、よしんば3次元以上の空間など実在しないと否定しても、n 次元ベクトルの取り扱いに支障はない。実際問題としては、変数が n 個ある数のあつまり程度の認識で済むからである。

補遺 1-1　三角関数の加法定理

　三角関数 (trigonometric function) の加法定理（addition theorem あるいは addition formulae）は、$\sin(A+B)$ と $\cos(A+B)$ を、$\sin A, \sin B, \cos A, \cos B$ で表現する重要かつ有用な定理である。

　いま、図 1A-1 に示すように、斜辺の長さが 1 の直角三角形 abc を描く。ここで∠abc が∠A + ∠B とし、点 b から底辺 bc との角度が∠A となるような直線を引く。つぎに点 a から直線 ac との角度が∠A となるように直線を引き、先ほどの直線との交点を d とする。これら直線が、d で直交することは、三角形の相似から、すぐに分かる。

　つぎに d から、それぞれ直線 ac および直線 bc の延長線上に直交する直線を引き、その交点をそれぞれ f および e とする。

　この図を利用して加法定理を導いてみよう。斜辺 ab の長さが 1 であるから

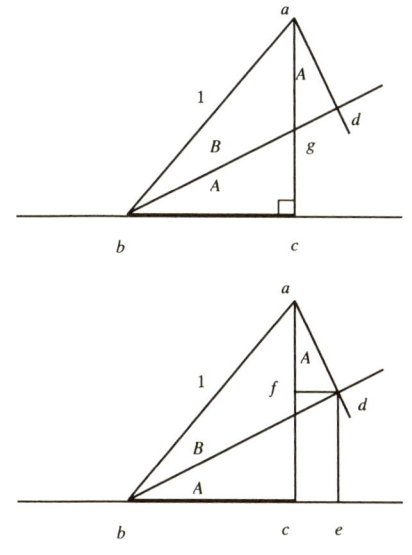

図 1A-1

$$\overline{ac} = \sin(A+B)$$

となる。次に、直角三角形 abd において、辺の長さは

$$\overline{ad} = \sin B, \quad \overline{bd} = \cos B$$

と与えられる。次に

$$\overline{af} = \overline{ad}\cos A = \cos A \sin B$$

$$\overline{fc} = \overline{de} = \overline{bd}\sin A = \sin A \cos B$$

であり

$$\overline{ac} = \overline{af} + \overline{fc}$$

の関係にあるから、結局

$$\sin(A+B) = \sin A \cos B + \cos A \sin B$$

となる。同様にして

$$\overline{bc} = \cos(A+B)$$

であり

$$\overline{be} = \overline{bd}\cos A = \cos A \cos B$$

$$\overline{ce} = \overline{fd} = \overline{ad}\sin A = \sin A \sin B$$

となって

$$\overline{bc} = \overline{be} - \overline{ce}$$

の関係にあるから

$$\cos(A+B) = \cos A \cos B - \sin A \sin B$$

となる。以上をまとめた

$$\sin(A+B) = \sin A \cos B + \cos A \sin B$$
$$\cos(A+B) = \cos A \cos B - \sin A \sin B$$

を加法定理と呼んでいる。この基本公式で、B に $-B$ を代入すると

$$\sin\{A+(-B)\} = \sin A \cos(-B) + \cos A \sin(-B) = \sin A \cos B - \cos A \sin B$$
$$\cos\{A+(-B)\} = \cos A \cos(-B) - \sin A \sin(-B) = \cos A \cos B + \sin A \sin B$$

となって、ただちに差の場合の公式

$$\sin(A-B) = \sin A \cos B - \cos A \sin B$$
$$\cos(A-B) = \cos A \cos B + \sin A \sin B$$

が得られる。

第 2 章　行　列

　線形代数の構成要素としては、ベクトルとともに行列 (matrix) も主役を演じる。ベクトルは扱いにくいといっても、高校の数学で習うのでまだ親しみも湧くが、行列は高校でさわりは習うものの、その本質は大学に入って線形代数という講義の中ではじめて学習する概念である。
　そのうえ、ベクトルよりも数字の個数が多く、講義によっては、いきなり m 行 n 列から定義を説明されるので、これはいったい何ものだということになる。しかも、その意味がよくわからないうちに、その足し算やかけ算の方法がはじまり、さらにベクトルとのかけ算に進んだかと思うと、いつのまにか、連立 1 次方程式 (simultaneous linear equations) を行列式 (determinant) を使って解法する演習に進んでいる。この段階になると行列式しか使わないから、なんだ、これならば行列式の方が行列よりも重要ではないかという印象を持つ。そうこうしているうちに、行列と行列式の区別がつかなくなって、気づかぬうちに講義も終わっているという始末である。
　ところで、日本語では行列と行列式という似た表現を用いるが、行列と行列式は別のものであるということを確認しておきたい。(もちろん、複数の数字が行と列に並んでいるという共通点はあるし、正方行列においては、行列の行列式という言い方もできるが。)その証拠に、英語では、明確に 行列 = matrix と行列式 = determinant という別の専門用語 (technical term) をあてている。
　さて、行列の考え方(むしろ行列を使う手法と言った方が正しいかもしれないが)は、複数の変数を取り扱う場合の基本である。代数 (algebra) においては変数の数が増えれば、それだけ式が複雑になり、取り扱いも大変であるから、できれば 1 個ですませたいというのが人情である。残念なが

ら、われわれが理工系学問や経済で使う数学が取り扱う対象は、変数の数が2個以上の場合が圧倒的に多い。

このような場合には行列を使うと便利なことが多く、実際に専門課程に進むと、知らぬまに行列を使った数式表現がされている場合がよくある。一度、慣れてしまうとその方が楽であり、数多くの変数を取り扱うときに、まちがいも少なくなるのである。

それどころか、序章でも紹介したように、行列という概念は、量子力学の建設に大きな貢献を示したことからも分かるように、非常に重要な概念である。その証拠に、量子力学は行列力学 (matrix mechanics) とも呼ばれている。行列の性質を調べることによって、思わぬ物理的な発展につながったという経緯もある。本章で紹介する、行列が虚数と同じ役割を持ったり、回転という機能をもつ事実も理工系への応用にとっては重要となる。

そこで、本章では、行列がいったいどういう意味を持ち、それが数学の中でどのような使われ方をしているかを説明する。

2.1. ベクトルは行列の兄弟

行列と行列式はまったく異なるという説明をした。これに対し、呼び名はずいぶん違っているが、非常に近い存在であるのが、行列 (matrix) とベクトル (vector) である。日本語で matrix に対して「行列」という訳をつけたのは、matrix が行 (row) と列 (column) にならんだ複数の数字からできているからである。ところが、これを行列というと、何かを待って並んでいるひとの列という誤解をあたえるので、あえて書けば「行・列」というように、行と列の間に一拍おく方がよい（と個人的には考えている）。

「行列は複数の行と列からできた数字の集まりである」という定義をすると、ベクトルは行列において、行 (row) あるいは列 (column) が1列のものと定義することができる。つまり、ベクトルは行列の特殊な1形態ということになる。

とすると、行列もベクトルと同様に複数の数字を使って情報を整理するものと類推できる。しかも、ベクトルは1行あるいは1列しかないのに対し、行列は複数の行と列からできているので、それだけ情報量が多いとい

うことになる。

そこで、具体例を使って、その事実を確かめてみよう。ふたたび、ベクトルの章で扱った果物の例を引き合いに出してみる。あのときは、いろいろな種類の果物を整理するために、複数の数字をつかって表現するのがベクトルだという説明をした。ここでも、その例を使わせてもらう。

いま、ある家族が果物の収穫を行ったとしよう。1日目の収穫は、いちごが2個、みかんが3個、りんごが4個であったとする。これをベクトルで書けば

$$(2 \quad 3 \quad 4)$$

と表すことができる。つぎに2日目の収穫が、いちごが3個、みかんが4個、りんごが2個であったとすると、これもベクトルで書けて

$$(3 \quad 4 \quad 2)$$

となる。それぞれの果物について両日あわせた総収穫量をだすには、成分ごとの足し算を行うと

$$\begin{pmatrix} 2 \\ 3 \\ 4 \end{pmatrix} + \begin{pmatrix} 3 \\ 4 \\ 2 \end{pmatrix} = \begin{pmatrix} 5 \\ 7 \\ 6 \end{pmatrix}$$

のように、整理して計算できる。(ここでは分かりやすく列ベクトルで示したが、行ベクトルでも構わない。) しかし、場合によっては総収穫量ではなく、生産日ごとの情報も残したいとしたらどうすればよいであろうか。このときは、すこし煩雑になるが

$$\begin{pmatrix} 2 & 3 & 4 \\ 3 & 4 & 2 \end{pmatrix}$$

のように、1日目と2日目のデータを分けて整理すればよい。これが行列である。よって、行列はベクトルよりも情報量が多い。この行列は、行ベクトル (2 3 4) と (3 4 2) を並列に並べたものという見方もできる。

同じ情報内容を伝える行列としては、ベクトル (2 3 4) と (3 4 2) の列ベクトルを並列に並べて

$$\begin{pmatrix} 2 & 3 \\ 3 & 4 \\ 4 & 2 \end{pmatrix}$$

と表記することもできる。ただし、専門的には、これらは同じ行列とは呼ばず、転置行列 (transposed matrix) と呼んでいる。また、行列では個々の成分を要素あるいは項 (英語でも elements や entity などをあてる) とも呼ぶ。

2.2. 行列の加減演算

第1章で紹介したように、「ベクトルの足し算や引き算およびスカラーのかけ算は成分ごとに行う」という基本ルールを決めれば、計算は自由に行えることを説明した。しかも、ベクトルは2次元平面や3次元空間を表現できるため、幾何学とともに理工系の数学において物理量を表現するのに大活躍していることも説明した。残念ながら、行列は情報量は多いのであるが、それが直接3次元空間と結びつくことはない。(後に示すように、ベクトルを介しては結びつくが。)

ところで行列においても、ベクトルと同じように、成分（要素）ごとに足し算や引き算を行うという基本ルールを決めれば、自由に計算することができる。

まず、実際の例で考えると、さきほど果物の収穫の話をしたが、実は、もうひと家族が居て、それが同じような収穫を行ったとしよう。その収穫も行列で示して

$$\begin{pmatrix} 3 & 0 & 1 \\ 2 & 2 & 5 \end{pmatrix}$$

と書き、1行目が1日目の収穫量、2行目が2日目の収穫量とする。ここで、2家族分の収穫をまとめたいとすると

$$\begin{pmatrix} 2 & 3 & 4 \\ 3 & 4 & 2 \end{pmatrix} + \begin{pmatrix} 3 & 0 & 1 \\ 2 & 2 & 5 \end{pmatrix} = \begin{pmatrix} 5 & 3 & 5 \\ 5 & 6 & 7 \end{pmatrix}$$

と書くことができる。もちろん行列がいったい何を対象としているかによって、その意味は違ってくるが、要素ごとの足し算で行列どうしの足し算が可能となることが分かるであろう。結果は、2家族の収穫量の合計を果物ごとに整理したものとなる。

ここで、より一般化するために行列をつぎのように表記してみよう。

$$\tilde{A} = \begin{pmatrix} a_{11} & a_{12} & a_{13} \\ a_{21} & a_{22} & a_{23} \end{pmatrix} \qquad \tilde{B} = \begin{pmatrix} b_{11} & b_{12} & b_{13} \\ b_{21} & b_{22} & b_{23} \end{pmatrix}$$

このように、行列を一般式として表記する際には、要素の添字 (suffix) として2個の数字 (index) を使う必要がある。ここで23という添字は2行3列目の変数に対応している。いま、m および n を任意の実数とすると、ベクトルの場合と同じように

$$m\tilde{A} + n\tilde{B} = m\begin{pmatrix} a_{11} & a_{12} & a_{13} \\ a_{21} & a_{22} & a_{23} \end{pmatrix} + n\begin{pmatrix} b_{11} & b_{12} & b_{13} \\ b_{21} & b_{22} & b_{23} \end{pmatrix}$$

$$= \begin{pmatrix} ma_{11} + nb_{11} & ma_{12} + nb_{12} & ma_{13} + nb_{13} \\ ma_{21} + nb_{21} & ma_{22} + nb_{22} & ma_{23} + nb_{23} \end{pmatrix}$$

という計算が可能となる。つぎに、同じ行列の引き算は

$$\tilde{A} - \tilde{A} = \begin{pmatrix} a_{11} & a_{12} & a_{13} \\ a_{21} & a_{22} & a_{23} \end{pmatrix} - \begin{pmatrix} a_{11} & a_{12} & a_{13} \\ a_{21} & a_{22} & a_{23} \end{pmatrix} = \begin{pmatrix} 0 & 0 & 0 \\ 0 & 0 & 0 \end{pmatrix} = \tilde{0}$$

となって、すべての要素が0の行列ができる。これをゼロ行列 (zero matrix) と呼んでいる。

第 2 章 行列

2.3. 行列のかけ算

それでは、行列のかけ算はできるのであろうか。何の準備もなく、行列どうしのかけ算をしろと言われても対処のしようがない。何しろ、行と列に数字がたくさん並んでいる。

この場合も、基本ルールを決めると、すべて矛盾なくかけ算を行うことができる。そのルールとは、ベクトルの内積を求めたときのルールである。

そこでベクトルの内積を求める方法を復習してみよう。いま

$$\vec{a} = \begin{pmatrix} a_x \\ a_y \\ a_z \end{pmatrix} \qquad \vec{b} = \begin{pmatrix} b_x \\ b_y \\ b_z \end{pmatrix}$$

の 2 つの 3 次元ベクトルを考える。すると、この内積は

$$\vec{a} \cdot \vec{b} = \begin{pmatrix} a_x & a_y & a_z \end{pmatrix} \begin{pmatrix} b_x \\ b_y \\ b_z \end{pmatrix} = a_x b_x + a_y b_y + a_z b_z$$

と与えられる。このように行ベクトルと列ベクトルで表記して、それぞれ対応した成分どうしをかける。これが内積の定義であった。ためしに、この左の行ベクトルを行列に置き換えると

$$\tilde{A} \cdot \vec{b} = \begin{pmatrix} a_{11} & a_{12} & a_{13} \\ a_{21} & a_{22} & a_{23} \end{pmatrix} \begin{pmatrix} b_1 \\ b_2 \\ b_3 \end{pmatrix}$$

となる。ここで、まず行列の第 1 行目に注目すると、これは行ベクトルであるから、内積を求める方法で計算する。このとき、とりあえず第 2 行は無視する。すると

$$\tilde{A} \cdot \vec{b} = \begin{pmatrix} a_{11} & a_{12} & a_{13} \\ \cdots\cdots\cdots\cdots \end{pmatrix} \begin{pmatrix} b_1 \\ b_2 \\ b_3 \end{pmatrix} = \begin{pmatrix} a_{11}b_1 + a_{12}b_2 + a_{13}b_3 \\ \cdots\cdots\cdots\cdots \end{pmatrix}$$

と与えられる。つぎに第 2 行目も行ベクトルであるから、それも内積と同様の方法で計算すると

$$\tilde{A} \cdot \vec{b} = \begin{pmatrix} \cdots\cdots\cdots\cdots\cdots \\ a_{21} & a_{22} & a_{23} \end{pmatrix} \begin{pmatrix} b_1 \\ b_2 \\ b_3 \end{pmatrix} = \begin{pmatrix} \cdots\cdots\cdots\cdots\cdots \\ a_{21}b_1 + a_{22}b_2 + a_{23}b_3 \end{pmatrix}$$

となる。これをひとつにまとめると

$$\tilde{A} \cdot \vec{b} = \begin{pmatrix} a_{11} & a_{12} & a_{13} \\ a_{21} & a_{22} & a_{23} \end{pmatrix} \begin{pmatrix} b_1 \\ b_2 \\ b_3 \end{pmatrix} = \begin{pmatrix} a_{11}b_1 + a_{12}b_2 + a_{13}b_3 \\ a_{21}b_1 + a_{22}b_2 + a_{23}b_3 \end{pmatrix}$$

となって、計算結果は、ベクトルの内積の値を成分にもつ列ベクトルとなっている。このように行列のかけ算では、内積を求める手法を準用するので、かけられる側の行列の行の要素（成分）の数（結局は列の数）と、かける側の行列の列の要素（成分）の数（結局は行の数）は必ず等しくなければならない。

いまは、かける側が項数が 3 の列ベクトル（あるいは 3 行 1 列の行列）であったが、列の数が複数の行列でも同様の処理ができる。例として

$$\begin{aligned}\tilde{A} \cdot \tilde{B} &= \begin{pmatrix} a_{11} & a_{12} & a_{13} \\ a_{21} & a_{22} & a_{23} \end{pmatrix} \begin{pmatrix} b_{11} & b_{12} \\ b_{21} & b_{22} \\ b_{31} & b_{32} \end{pmatrix} \\ &= \begin{pmatrix} a_{11}b_{11} + a_{12}b_{21} + a_{13}b_{31} & a_{11}b_{12} + a_{12}b_{22} + a_{13}b_{32} \\ a_{21}b_{11} + a_{22}b_{21} + a_{23}b_{31} & a_{21}b_{12} + a_{22}b_{22} + a_{23}b_{32} \end{pmatrix}\end{aligned}$$

のように計算することができる。

このような基本ルールを設定すれば、行列どうしのかけ算ができることが分かったが、いったい、行列のかけ算はどういう意味を持っているのであろうか。ここで、ふたたび先ほどの家族の果物収穫のマトリックスの例で考えてみよう。

第 2 章 行列

$$\begin{pmatrix} 2 & 3 & 4 \\ 3 & 4 & 2 \end{pmatrix}$$

という行列は、第 1 行目は、この家族が初日に、どれくらい、いちご、みかん、りんごを収穫したかに対応し、第 2 行目は 2 日目の収穫であった。

ところで、実はこの家族は、これら果物を売って収入を得ているものとする。このとき、それぞれの値段が 20 円、40 円、30 円であったとすると、値段を示すベクトルは

$$(20 \quad 40 \quad 30)$$

と書くことができる。ここで、行列とのかけ算を実行すると

$$\begin{pmatrix} 2 & 3 & 4 \\ 3 & 4 & 2 \end{pmatrix} \begin{pmatrix} 20 \\ 40 \\ 30 \end{pmatrix} = \begin{pmatrix} 2\times 20 + 3\times 40 + 4\times 30 \\ 3\times 20 + 4\times 40 + 2\times 30 \end{pmatrix} = \begin{pmatrix} 280 \\ 280 \end{pmatrix}$$

と計算できて、初日と 2 日目の売り上げ高を計算できる。もちろん、行列とベクトルに何を採用するかで、得られる値の意味は変わってくるが、具体例として、このようなイメージを持っていれば、ベクトルの内積の拡張として、行列のかけ算があることが分かるであろう。

もちろん、かける側をベクトルではなく行列とすることもできる。例えば、収穫した果物の情報として、値段だけでなく重量を考え、それぞれ 10g 30g 50g とすると

$$\begin{pmatrix} 20 & 40 & 30 \\ 10 & 30 & 50 \end{pmatrix}$$

のように、値段と重さの情報が入った行列をつくることができる。これを、収穫量を示す行列にかけると

$$\begin{pmatrix} 2 & 3 & 4 \\ 3 & 4 & 2 \end{pmatrix} \begin{pmatrix} 20 & 10 \\ 40 & 30 \\ 30 & 50 \end{pmatrix} = \begin{pmatrix} 280 & 310 \\ 280 & 250 \end{pmatrix}$$

というように2行2列の行列となり、最初の行は初日の売り上げ高と総重量、2行めは2日めの売り上げ高と総重量を与える。この結果をみると、両日とも売り上げ高は同じであるが、2日目の方が重い思いをせずに（市場まで果物を運んで）同じ売り上げに達したという情報をつかむことができる。

この例でも、分かるようにかけられる側の行列が m 行 n 列とすると、かける側の行列は、必ず n 行でなければならない。（ここで一般的には n 行というが、より実質的には列に含まれる要素の数である。）このとき、列の数はいくつでもかまわないが、上の例では、列の数は情報の種類（果物の単価と重量）を示している。ついでに最初の行列の行数も同様に情報（種類）の量と考えられる。ここでは2日分（よって2種類）の情報となる。

また、2行3列の行列に、3行2列の行列をかけると2行2列の行列となっているが、計算結果の行列では、行も列も情報量に対応する。ここで、3成分であった（果物が3種類）という情報は消えて、2日分（2行に対応）の売り上げと総重量（2列に対応）が結果として得られる。

2.4. 行列の一般的表示

以上で説明したように、行列を利用する場合には、行列の成分（要素）が具体的に何に対応しているかが明確であり、その結果得られる行列の意味まで分かる。よって、たくさんの数字が並んでいても、それほど苦にならない。

ところが、数学の基礎として行列を習う場合には、要素の意味しているところはさておいて、その定義や計算をいかに行うかに主眼が置かれる。しかも、一般化するためにやたら変数の数が多いケースを取り扱う。これは数学の抽象性に根ざしており、その方が汎用性が高いというのも事実である。しかし、具体的なイメージを頭の中に描いていないと、自分が何をやっているかを見失うことが多い。こういうわけで、（当たり前すぎて）普通の教科書には書いていない事項まで長々と説明してきた。

おそらく、いままでの説明で行列の具体的なイメージがつかめたと思うので、ここで一般の教科書にのっている行列の説明に移る。一般的な定義

に従うと、行列というのは、つぎに示すような

$$\widetilde{A} = \begin{pmatrix} a_{11} & a_{12} & a_{13} & \cdots & a_{1j} & \cdots & a_{1n} \\ a_{21} & a_{22} & a_{23} & \cdots & a_{2j} & \cdots & a_{2n} \\ a_{31} & a_{32} & a_{33} & \cdots & a_{3j} & \cdots & a_{3n} \\ \vdots & \vdots & \vdots & & \vdots & & \vdots \\ a_{i1} & a_{i2} & a_{i3} & \cdots & a_{ij} & \cdots & a_{in} \\ \vdots & \vdots & \vdots & & \vdots & & \vdots \\ a_{m1} & a_{m2} & a_{m3} & \cdots & a_{mj} & \cdots & a_{mn} \end{pmatrix} \Big\} m$$

$$\underbrace{}_{n}$$

m 行 n 列からなる数字の集合体の総称である。(m 行 n 列行列： m by n matrix と呼ぶ) このように添字 (suffix) によって各成分（要素）が、行列のどの位置にあるかが分かる。例えば、a_{ij} という表記は、i 行の j 列めにある成分（要素）のことを示している。i のことを行インデックス (row index)、j のことを列インデックス (column index) と呼ぶ。

一般には、m と n の数は異なるが、この両者が等しい行列を正方行列 (square matrix) と呼ぶ。(数学の応用においては、正方行列を使う場合が圧倒的に多い。)

行列を取り扱う場合は、この表記のように、すべての成分をたて横に並べて書く方が分かりやすいが、紙面をやたらと使うので

$$\widetilde{A} = \begin{bmatrix} a_{ij} \end{bmatrix} \quad (i = 1, 2, \ldots, m, \; j = 1, 2, \ldots, n)$$

と表記することもある。(慣れればこれで十分である。)

さて、m 行 n 列の行列は別な視点から見ると

$$\begin{pmatrix} a_{11} & a_{12} & \cdots & a_{1n} \end{pmatrix}$$
$$\begin{pmatrix} a_{21} & a_{22} & \cdots & a_{2n} \end{pmatrix}$$
$$\cdots\cdots$$
$$\begin{pmatrix} a_{m1} & a_{m2} & \cdots & a_{mn} \end{pmatrix}$$

という m 個の行ベクトル (row vector) の集合と考えられる。そこで、行ベクトルとして

$$\vec{R}_i = \begin{pmatrix} a_{i1} & a_{i2} & \cdots & a_{in} \end{pmatrix} \quad (i=1,2,\ldots,m)$$

を考えると

$$\tilde{A} = \begin{pmatrix} a_{11} & a_{12} & a_{13} & \cdots & a_{1j} & \cdots & a_{1n} \\ a_{21} & a_{22} & a_{23} & \cdots & a_{2j} & \cdots & a_{2n} \\ a_{31} & a_{32} & a_{33} & \cdots & a_{3j} & \cdots & a_{3n} \\ \vdots & \vdots & \vdots & & \vdots & & \vdots \\ a_{i1} & a_{i2} & a_{i3} & \cdots & a_{ij} & \cdots & a_{in} \\ \vdots & \vdots & \vdots & & \vdots & & \vdots \\ a_{m1} & a_{m2} & a_{m3} & \cdots & a_{mj} & \cdots & a_{mn} \end{pmatrix} = \begin{pmatrix} \vec{R}_1 \\ \vec{R}_2 \\ \vec{R}_3 \\ \vdots \\ \vec{R}_m \end{pmatrix}$$

と書くことができる。

一方、同じ行列は

$$\begin{pmatrix} a_{11} \\ a_{21} \\ \vdots \\ a_{m1} \end{pmatrix} \begin{pmatrix} a_{12} \\ a_{22} \\ \vdots \\ a_{m2} \end{pmatrix} \cdots \begin{pmatrix} a_{1n} \\ a_{2n} \\ \vdots \\ a_{mn} \end{pmatrix}$$

の n 個の列ベクトル (column vector) の集合とも考えられる。よって列ベクトルとして

$$\vec{C}_j = \begin{pmatrix} a_{1j} \\ a_{2j} \\ \vdots \\ a_{mj} \end{pmatrix} \quad (j=1,2,\ldots,n)$$

を考えると

$$\widetilde{A} = \begin{pmatrix} a_{11} & a_{12} & a_{13} & \cdots & a_{1j} & \cdots & a_{1n} \\ a_{21} & a_{22} & a_{23} & \cdots & a_{2j} & \cdots & a_{2n} \\ a_{31} & a_{32} & a_{33} & \cdots & a_{3j} & \cdots & a_{3n} \\ \vdots & \vdots & \vdots & & \vdots & & \vdots \\ a_{i1} & a_{i2} & a_{i3} & \cdots & a_{ij} & \cdots & a_{in} \\ \vdots & \vdots & \vdots & & \vdots & & \vdots \\ a_{m1} & a_{m2} & a_{m3} & \cdots & a_{mj} & \cdots & a_{mn} \end{pmatrix} = \begin{pmatrix} \vec{C}_1 & \vec{C}_2 & \cdots & \vec{C}_n \end{pmatrix}$$

と表すこともできる。

m 行 n 列の行列 $\widetilde{A}$ の行と列を入れかえて得られる n 行 m 列の行列 (n by m matrix) を、行列 $\widetilde{A}$ の転置行列 (transposed matrix) と呼び、${}^t\widetilde{A}$ と表記する。つまり

$${}^t\widetilde{A} = \begin{pmatrix} a_{11} & a_{21} & a_{31} & \cdots & a_{j1} & \cdots & a_{m1} \\ a_{12} & a_{22} & a_{32} & \cdots & a_{j2} & \cdots & a_{m2} \\ a_{13} & a_{23} & a_{33} & \cdots & a_{j3} & \cdots & a_{m3} \\ \vdots & \vdots & \vdots & & \vdots & & \vdots \\ a_{1i} & a_{2i} & a_{3i} & \cdots & a_{ji} & \cdots & a_{mi} \\ \vdots & \vdots & \vdots & & \vdots & & \vdots \\ a_{1n} & a_{2n} & a_{3n} & \cdots & a_{jn} & \cdots & a_{mn} \end{pmatrix}$$

となる。ここで転置行列（英語の transpose：移項や置換という語感もそうであるが）というと、何か別物になったような印象を与えるが、前にも簡単に紹介したように、情報を伝える数の集合と考えた場合には、転置行列は、もとの行列とまったく同じ情報を有する行列である。

実際に、転置行列の表記方法を使うと、列ベクトルと行ベクトルは、つぎのような関係になる。

$$\begin{pmatrix} a_1 \\ a_2 \\ \vdots \\ a_n \end{pmatrix} = {}^t\begin{pmatrix} a_1 & a_2 & \cdots & a_n \end{pmatrix}$$

このふたつのベクトルは、表記は行と列と違うが、同じものであることは何度も紹介してきた。

　行列の場合には、その定義によって、まったく同じ行列（$\tilde{A} = \tilde{B}$）になるためには、行と列の数と成分すべてが等しいという厳しい条件が課せられるため、転置すると違うものとなっているだけである。

2.5. 一般表示による行列の演算

2.5.1. 行列の加減演算

いま、つぎの2つの行列を考える。

$$\tilde{A} = [a_{ij}] \quad (i = 1, 2, ...m, \ j = 1, 2, ...n)$$

$$\tilde{B} = [b_{ij}] \quad (i = 1, 2, ...m, \ j = 1, 2, ...n)$$

これら行列の足し算および引き算を実行するためには、それぞれの行と列の数がまったく等しくなければならない。さらに、これら行列が等しいという場合には、すべての成分が等しくなければならないことは、すでに紹介したとおりである。

　つぎに、任意の実数 p, q を考える。ここで

$$\tilde{C} = p\tilde{A} + q\tilde{B}$$

という行列

$$\tilde{C} = [c_{ij}]$$

を考えると、この行列は、行列 $\tilde{A}, \tilde{B}$ と行および列の数がまったく等しい行列である。

$$\vec{C} = [c_{ij}] \quad (i = 1, 2, ...m, \ j = 1, 2, ...n)$$

また、その成分は

$$c_{ij} = pa_{ij} + qb_{ij}$$

となる。このように、ベクトルと同様に行列も線形である。

2.5.2. 行列のかけ算

すでに紹介しているように、行列のかけ算はベクトルの内積を基本としている。一般化するために、2つの n 次元ベクトルを考えると、その内積は

$$\begin{pmatrix} a_1 & a_2 & \cdots & a_n \end{pmatrix} \begin{pmatrix} b_1 \\ b_2 \\ \vdots \\ b_n \end{pmatrix} = a_1 b_1 + a_2 b_2 + \cdots + a_n b_n = \sum_{k=1}^{n} a_k b_k$$

と表記できる。このように、内積の値をとるためには、行ベクトルの成分の数と列ベクトルの成分の数が一致しなければならない。

よって、行列どうしのかけ算をするためには、かけられる側の行列の列とかける側の行列の行の数が一致していなければならない。これは、別な視点では、かけられる側の行列を行ベクトルの集合、かける側の行列を列ベクトルの集合と考えたときに、それぞれの成分の数が一致していなければならないということと等価である。

よって、行列のかたちだけみれば、行列のかけ算が可能であるのは、$m \times n$ 行列と $n \times k$ 行列の場合である。この結果得られる行列は $m \times k$ 行列となる。行列のかたちだけを取り出せば

$$(m \times n)(n \times k) = (m \times k)$$

という関係にある。ここで

$$\tilde{A}\tilde{B} = \tilde{C}$$

と書くと、積として得られる行列 $\tilde{C}$ の成分 c_{ij} は

$$c_{ij} = \sum_{k=1}^{n} a_{ik} b_{kj} \quad (i = 1, 2, \cdots, m, \ j = 1, 2, \cdots, n)$$

で与えられる。ここで、行列のかけ算で重要な性質を見てみる。いま任意のふたつの 2×2 行列のかけ算を行ってみよう。ふたつの行列を

$$\tilde{A} = \begin{pmatrix} a & b \\ c & d \end{pmatrix} \quad \tilde{B} = \begin{pmatrix} e & f \\ g & h \end{pmatrix}$$

とすると

$$\tilde{A}\tilde{B} = \begin{pmatrix} a & b \\ c & d \end{pmatrix}\begin{pmatrix} e & f \\ g & h \end{pmatrix} = \begin{pmatrix} ae+bg & af+bh \\ ce+dg & cf+dh \end{pmatrix}$$

$$\tilde{B}\tilde{A} = \begin{pmatrix} e & f \\ g & h \end{pmatrix}\begin{pmatrix} a & b \\ c & d \end{pmatrix} = \begin{pmatrix} ae+cf & be+df \\ ag+ch & bg+dh \end{pmatrix}$$

というように、行列のかけ算では交換法則 (commutative law) が成立しない。つまり

$$\tilde{A}\tilde{B} \neq \tilde{B}\tilde{A}$$

である。これを専門的には非可換 (non-commutative) と呼ぶ。行列のかけ算では、その基本ルールはベクトルの内積 (inner product) に準じると説明したが、内積では交換法則が成り立つ。行列では、複数のベクトルを並べたがために、このような非可換な系になってしまうのである。行ベクトルの集合を列ベクトルの集合に変えただけで、（情報の内容は同じにも関わらず）転置行列 (transposed matrix) という別のものに変わるのも、この行列のかけ算の非可換性 (non-commutativity) に由来している。

　（行列のかけ算に関しては非可換性を論ずるまえに、行列の型が違えば、かけ算そのものができなくなる。例えば $\tilde{A}$ が $m \times n$ 行列、$\tilde{B}$ が $n \times k$ 行列の場合、$\tilde{A}\tilde{B}$ は計算できるが、$\tilde{B}\tilde{A}$ では計算そのものができない。）

2.5.3. 単位行列

すでに行列においては、すべての成分（要素）が 0 であるゼロ行列 (zero matrix) が存在することを紹介した。ベクトルでは、ゼロベクトルとともに単位ベクトル (unit vector) も存在する。例えば 3 次元ベクトルでの単位ベクトルは

$$\vec{e}_x = \begin{pmatrix} 1 \\ 0 \\ 0 \end{pmatrix} \quad \vec{e}_y = \begin{pmatrix} 0 \\ 1 \\ 0 \end{pmatrix} \quad \vec{e}_z = \begin{pmatrix} 0 \\ 0 \\ 1 \end{pmatrix}$$

であった。このように、単位ベクトルはすべての成分が 1 ではないことに注意する。

それでは、行列における単位行列 (identity matrix) とはいったいどういうものであろうか。これも定義によるが、ある行列にかけたときに、もとの行列がそのまま得られるものを単位行列と考える。ちょうど数字でいえば「1」の働きをすることになる。

ところで、一般の行列では、行と列の数が違うため、かけ算で得られる行列はもとの行列と行と列の数が違っている。よって、単位行列が考えられるのは、行と列の数が等しい正方行列 (square matrix) の場合に限られる。正方行列どうしのかけ算ならば

$$(m \times m)(m \times m) = (m \times m)$$

となって、少なくとも行列のかたちだけは、変わらない。（実際に行列の応用を考えた場合に、利用価値が高いのは正方行列である。）

結論からいえば、単位行列はつぎのようになる。

$$\widetilde{E} = \begin{pmatrix} 1 & 0 & 0 & \cdots & 0 & \cdots & 0 \\ 0 & 1 & 0 & \cdots & 0 & \cdots & 0 \\ 0 & 0 & 1 & \cdots & 0 & \cdots & 0 \\ \vdots & \vdots & \vdots & & \vdots & & \vdots \\ 0 & 0 & 0 & \cdots & 1 & \cdots & 0 \\ \vdots & \vdots & \vdots & & & & \vdots \\ 0 & 0 & 0 & \cdots & 0 & \cdots & 1 \end{pmatrix} \Big\} m$$

$$\underbrace{}_{m}$$

つまり、対角線にある要素が 1 で、他の要素がすべて 0 の行列である。一般形で考えてもよいが、計算が煩雑になるので、つぎの 2×2 行列を考える。

$$\widetilde{A} = \begin{pmatrix} a & b \\ c & d \end{pmatrix} \qquad \widetilde{E} = \begin{pmatrix} 1 & 0 \\ 0 & 1 \end{pmatrix}$$

すると

$$\widetilde{A}\widetilde{E} = \begin{pmatrix} a & b \\ c & d \end{pmatrix}\begin{pmatrix} 1 & 0 \\ 0 & 1 \end{pmatrix} = \begin{pmatrix} a \times 1 + b \times 0 & a \times 0 + b \times 1 \\ c \times 1 + d \times 0 & c \times 0 + d \times 1 \end{pmatrix} = \begin{pmatrix} a & b \\ c & d \end{pmatrix}$$

となって、確かに $\widetilde{A}\widetilde{E} = \widetilde{A}$ が成立する。つぎに

$$\widetilde{E}\widetilde{A} = \begin{pmatrix} 1 & 0 \\ 0 & 1 \end{pmatrix}\begin{pmatrix} a & b \\ c & d \end{pmatrix} = \begin{pmatrix} 1 \times a + 0 \times c & 1 \times b + 0 \times d \\ 0 \times a + 1 \times c & 0 \times b + 1 \times d \end{pmatrix} = \begin{pmatrix} a & b \\ c & d \end{pmatrix}$$

となって

$$\widetilde{E}\widetilde{A} = \widetilde{A}$$

も成立する。

つまり、単位行列を右からかけても、左からかけてももとの行列に戻る。また、当然のことであるが

$$\widetilde{E}\widetilde{E} = \begin{pmatrix} 1 & 0 \\ 0 & 1 \end{pmatrix}\begin{pmatrix} 1 & 0 \\ 0 & 1 \end{pmatrix} = \begin{pmatrix} 1 \times 1 + 0 \times 0 & 1 \times 0 + 0 \times 1 \\ 0 \times 1 + 1 \times 0 & 0 \times 0 + 1 \times 1 \end{pmatrix} = \begin{pmatrix} 1 & 0 \\ 0 & 1 \end{pmatrix} = \widetilde{E}$$

となって、単位行列は何回かけても単位行列になる。

演習 2-1 一般の $n \times n$ 行列において、任意の行列に単位行列をかけてももとの行列になることを証明せよ。

解）

$$\tilde{A} = [a_{ij}] \quad (i = 1,2,\ldots n, \ j = 1,2,\ldots n)$$

を考える。いま $n \times n$ 単位行列は

$$\tilde{E} = [\delta_{ij}] \quad (i = 1,2,\ldots n, \ j = 1,2,\ldots n)$$

と書くことができる。ここで δ_{ij} はクロネッカーデルタ (Kronecker's delta) と呼ばれ

$$\delta_{ij} = \begin{cases} 1 & (i = j) \\ 0 & (i \neq j) \end{cases}$$

により定義される。ここで

$$\tilde{A}\tilde{E} = \tilde{C}$$

と置くと、行列 $\tilde{C}$ の要素は

$$c_{ij} = \sum_{k=1}^{n} a_{ik}\delta_{kj} \quad (i = 1,2,\cdots,n, \ j = 1,2,\cdots,n)$$

と書くことができる。ここでクロネッカーデルタが 1 となるのは $k = j$ のときで、他はすべて 0 であるから

$$c_{ij} = \sum_{k=1}^{n} a_{ik}\delta_{kj} = a_{ij}\delta_{jj} = a_{ij}$$

となって、行列 $\tilde{C}$ の要素は、行列 $\tilde{A}$ の要素とまったく等しい。よって

$$\tilde{A}\tilde{E} = \tilde{A}$$

となることが証明される。

2.5.4. 逆行列

ここで、正方行列においては、単位行列が定義できることをみてきたが、とすれば、ある任意の行列 $\tilde{A}$ に対して

$$\tilde{A}\tilde{X} = \tilde{E}$$

を満足する行列 $\tilde{X}$ が存在すれば、それは、ちょうど逆数のようなはたらきをすることになる。これを 2×2 行列の場合に考えてみよう。

$$\tilde{A} = \begin{pmatrix} a & b \\ c & d \end{pmatrix} \qquad \tilde{X} = \begin{pmatrix} p & q \\ r & s \end{pmatrix}$$

とすると、つぎの関係を満足することになる。

$$\begin{pmatrix} a & b \\ c & d \end{pmatrix} \begin{pmatrix} p & q \\ r & s \end{pmatrix} = \begin{pmatrix} 1 & 0 \\ 0 & 1 \end{pmatrix}$$

これを計算すると

$$\begin{pmatrix} ap+br & aq+bs \\ cp+dr & cq+ds \end{pmatrix} = \begin{pmatrix} 1 & 0 \\ 0 & 1 \end{pmatrix}$$

よって

$$\begin{cases} ap+br = 1 \\ cp+dr = 0 \end{cases} \qquad \begin{cases} aq+bs = 0 \\ cq+ds = 1 \end{cases}$$

これを解くと

$$p = \frac{d}{ad-bc} \quad r = \frac{-c}{ad-bc} \quad q = \frac{-b}{ad-bc} \quad s = \frac{a}{ad-bc}$$

と計算できるので

$$\tilde{X} = \begin{pmatrix} p & q \\ r & s \end{pmatrix} = \frac{1}{ad-bc} \begin{pmatrix} d & -b \\ -c & a \end{pmatrix}$$

と与えられる。このような行列を $\tilde{A}^{-1}$ と表記し、行列 $\tilde{A}$ の逆行列 (inverse matrix) と呼ぶ。日本語でもエイ・インバース (A inverse) と呼ぶことがある。

演習 2-2 上記の 2×2 行列において、$\tilde{A}\tilde{A}^{-1} = \tilde{A}^{-1}\tilde{A} = \tilde{E}$ となることを確かめよ。

解)

$$\tilde{A}\tilde{A}^{-1} = \begin{pmatrix} a & b \\ c & d \end{pmatrix} \frac{1}{ad-bc} \begin{pmatrix} d & -b \\ -c & a \end{pmatrix} = \frac{1}{ad-bc} \begin{pmatrix} ad-bc & -ab+ab \\ cd-cd & ad-bc \end{pmatrix}$$

$$= \frac{1}{ad-bc} \begin{pmatrix} ad-bc & 0 \\ 0 & ad-bc \end{pmatrix} = \begin{pmatrix} 1 & 0 \\ 0 & 1 \end{pmatrix} = \tilde{E}$$

$$\tilde{A}^{-1}\tilde{A} = \frac{1}{ad-bc} \begin{pmatrix} d & -b \\ -c & a \end{pmatrix} \begin{pmatrix} a & b \\ c & d \end{pmatrix} = \frac{1}{ad-bc} \begin{pmatrix} da-bc & db-bd \\ -ca+ac & -bc+ad \end{pmatrix}$$

$$= \frac{1}{ad-bc} \begin{pmatrix} ad-bc & 0 \\ 0 & ad-bc \end{pmatrix} = \begin{pmatrix} 1 & 0 \\ 0 & 1 \end{pmatrix} = \tilde{E}$$

ただし、すべての正方行列に逆行列が存在するわけではない。例えば

$$\tilde{A} = \begin{pmatrix} a & b \\ c & d \end{pmatrix} \quad \text{の逆行列として} \quad \tilde{A}^{-1} = \frac{1}{ad-bc}\begin{pmatrix} d & -b \\ -c & a \end{pmatrix}$$

を求めたが、もし $ad - bc = 0$ とすると分母が 0 になるから、無限大となって、逆行列は存在しないことになる。

逆行列の存在しない行列を、無限大になる特異点 (singular point) とのアナロジーから特異行列 (singular matrix) と呼ぶ。これに対して、逆行列のある行列を非特異行列 (non-singular matrix) と呼ぶが、単に、当たりまえの行列だということで正則行列 (regular matrix) と呼ぶこともある。(ただし、米国の教科書では non-singular がほとんである。)

逆行列の応用はいろいろあるが、もっとも直接的なものが連立 1 次方程式の解法であろう。序章でも紹介したように

$$\begin{cases} ax + by = p \\ cx + dy = q \end{cases}$$

という連立 1 次方程式は、行列とベクトルをつかって

$$\begin{pmatrix} a & b \\ c & d \end{pmatrix}\begin{pmatrix} x \\ y \end{pmatrix} = \begin{pmatrix} p \\ q \end{pmatrix}$$

と書くことができる。最初の行列を係数行列 (coefficient matrix) と呼ぶ。これらを

$$\tilde{A} = \begin{pmatrix} a & b \\ c & d \end{pmatrix} \quad \vec{x} = \begin{pmatrix} x \\ y \end{pmatrix} \quad \vec{p} = \begin{pmatrix} p \\ q \end{pmatrix}$$

と表記すると、連立 1 次方程式は

$$\tilde{A}\vec{x} = \vec{p}$$

と簡略化して書くことができる。この時、$\tilde{A}$ が正則行列（非特異行列）であれば解が存在し、(ちょうど $ax = p$ が $x = p/a = a^{-1}p$ と計算できるように)

逆行列を使って

$$\vec{x} = \tilde{A}^{-1}\vec{p}$$

によって求めることができるのである。実際に代入してみると

$$\vec{x} = \begin{pmatrix} x \\ y \end{pmatrix} = \tilde{A}^{-1}\vec{p} = \frac{1}{ad-bc}\begin{pmatrix} d & -b \\ -c & a \end{pmatrix}\begin{pmatrix} p \\ q \end{pmatrix} = \frac{1}{ad-bc}\begin{pmatrix} dp-bq \\ -cp+aq \end{pmatrix}$$

となって

$$x = \frac{dp-bq}{ad-bc} \qquad y = \frac{aq-cp}{ad-bc}$$

と解を求めることができる。この手法のすぐれた点は、いまの場合には2×2行列であったが、要素の数がどんなに増えても、同じ手法が使える点にある。

ただし、この手法がそんなに便利かというと、必ずしもそうではない。というのも、要素の数が増えたとたんに逆行列を求めること自体が非常に大変になるからである。どれくらい大変かというと、連立1次方程式を普通の方法で解くくらい大変である。それでは、意味がないではないかと言われそうだが、まず、このような整理をすることが、多くの問題に直面したときには重要となる。さらに、このような考えが発展して、行列式を使ったより機能的な解法へとつながっていくのである。

ここで、行列式に進む前に、連立1次方程式に関して、行列による解法の例を紹介する。

2.6. 連立1次方程式の解法

2.6.1. 行基本変形

それでは、ここで連立1次方程式の解法について普通の方法から復習してみよう。

$$\begin{cases} ax + by = p \\ cx + dy = q \end{cases}$$

この方程式を解法するときには、x の係数が等しくなるように適当な数を両式にかけて引く。この操作が可能であるのは、これら式を実数倍したり、お互いに足したり、引いたりしても、方程式が課す条件じたいに変化を与えない、言い換えれば、満足する x, y の解は変わらないことを意味している。(このような変形を同値変形と呼ぶ。) つまり、n, k を (0 以外の) 任意の実数とすると

$$\begin{cases} nax + nby = np \\ kcx + kdy = kq \end{cases}$$

$$\begin{cases} (a+c)x + (b+d)y = p+q \\ cx + dy = q \end{cases}$$

$$\begin{cases} ax + by = p \\ (c-na)x + (d-nb)y = q - np \end{cases}$$

のように、最初の連立 1 次方程式を変えても、同じ解が得られる。この特徴を利用して、連立 1 次方程式の解法が可能になる。

その方法は、どうするかというと、まず最初の連立 1 次方程式の係数と定数項を取り出して行列をつくる。

$$\begin{pmatrix} a & b & \vdots & p \\ c & d & \vdots & q \end{pmatrix} \quad \text{(ただし} \begin{pmatrix} a & b & p \\ c & d & q \end{pmatrix} \text{と表記してもよい。)}$$

このように、係数 (coefficients) と定数項 (constant terms) からできた行列を係数拡大行列 (augmented matrix) と呼んでいる。この行列を使って解をもとめるには、先ほどの行に実数をかけたり、あるいは行どうしを足したり引いたりする作業を行って

$$\begin{pmatrix} 1 & 0 & \vdots & e \\ 0 & 1 & \vdots & f \end{pmatrix}$$

のように、左の部分が単位行列になるように変形すれば、自動的に解が求められるという手法である。これは

$$\begin{cases} 1 \times x + 0 \times y = e \\ 0 \times x + 1 \times y = f \end{cases}$$

というかたちに式を変形したことになる。それでは実際に変形してみよう。

$$\begin{pmatrix} a & b & \vdots & p \\ c & d & \vdots & q \end{pmatrix}$$

まず、1 行目に c を、2 行目に a をかけると

$$\begin{pmatrix} ac & bc & \vdots & cp \\ ac & ad & \vdots & aq \end{pmatrix}$$

と変形できる。ここで、2 行から 1 行をひくと

$$\begin{pmatrix} ac & bc & \vdots & cp \\ 0 & ad-bc & \vdots & aq-cp \end{pmatrix}$$

となり、2 行 1 列目の要素が 0 になる。つぎに 1 行目を ac で割ると

$$\begin{pmatrix} 1 & \dfrac{bc}{ac} & \vdots & \dfrac{cp}{ac} \\ 0 & ad-bc & \vdots & aq-cp \end{pmatrix}$$

となって、めでたく 1 列目が求めたいかたちになってくれた。つぎに 2 列目が等しくなるように 2 行目に $bc/ac(ad-bc)$ をかけると

$$\begin{pmatrix} 1 & \dfrac{bc}{ac} & \vdots & \dfrac{cp}{ac} \\ 0 & \dfrac{bc}{ac} & \vdots & \dfrac{aq-cp}{ad-bc} \cdot \dfrac{bc}{ac} \end{pmatrix}$$

ここで 1 行目から 2 行目をひくと

$$\begin{pmatrix} 1 & 0 & : & \dfrac{cp}{ac} - \dfrac{aq-cp}{ad-bc} \cdot \dfrac{bc}{ac} \\ 0 & \dfrac{bc}{ac} & : & \dfrac{aq-cp}{ad-bc} \cdot \dfrac{bc}{ac} \end{pmatrix} = \begin{pmatrix} 1 & 0 & : & \dfrac{dp-bq}{ad-bc} \\ 0 & \dfrac{bc}{ac} & : & \dfrac{aq-cp}{ad-bc} \cdot \dfrac{bc}{ac} \end{pmatrix}$$

最後に 2 行目を bc/ac で割ると

$$\begin{pmatrix} 1 & 0 & : & \dfrac{dp-bq}{ad-bc} \\ 0 & 1 & : & \dfrac{aq-cp}{ad-bc} \end{pmatrix}$$

となる。これをもとの方程式に戻すと

$$\begin{cases} 1 \times x + 0 \times y = \dfrac{dp-bq}{ad-bc} \\ 0 \times x + 1 \times y = \dfrac{aq-cp}{ad-bc} \end{cases}$$

という式に変形したことになる。よって、少々苦労はしたが、確かに

$$x = \dfrac{dp-bq}{ad-bc} \qquad y = \dfrac{aq-cp}{ad-bc}$$

と解を求めることができる。以上の変形は、すべて行どうしで行っているので行列の行基本変形 (elementary row operations on a matrix) と呼んでいる。

　もちろん、ここで示した方法は数ある行基本変形のひとつであり、工夫しだいでは、もっと簡単に最終のかたちにまで持ってくることができることに留意されたい。

　さて、ここでひとつだけ重要な点を断わっておきたい。本章の冒頭において、行列の定義から、「行列においては成分ひとつひとつに意味があり、勝手に変えることはできない。よって、2 つの行列が等しいという場合には、すべての成分が等しくなければならない」という説明をした。確かに、果物の収穫の例でも分かるように、収穫量を勝手に定数倍したり、あるいは

行を入れかえて初日と 2 日目の収穫量を混同したりしたのでは、行列の意味がなくなってしまう。

にもかかわらず、係数拡大行列においては行基本変形などという、勝手に行を交換したり、行どうしで、その定数倍を足したり引いたりする操作を行っている。これは、ひとえに、連立 1 次方程式を解法するための手法であり、行列としては例外的な措置であることに注意しなければならない。ところが、線形代数では、多元連立 1 次方程式を解くことが、その主目的となっているので、行列の変形が日常茶飯事となっている。このため、行列本来の性質がなおざりにされる傾向にあり、ひとによっては、基本を忘れてしまっている場合もある。くりかえすが、行列を勝手に変形するという操作は係数拡大行列以外で行ってはいけないのである。

演習 2-3 拡大係数行列を使ってつぎの連立 1 次方程式の解を求めよ。

$$\begin{cases} 2x + 3y = 1 \\ 3x - 2y = 8 \end{cases}$$

解) この方程式の拡大係数行列は

$$\begin{pmatrix} 2 & 3 & \vdots & 1 \\ 3 & -2 & \vdots & 8 \end{pmatrix}$$

である。これに順次、行基本変形（行番号を r_1、r_2 と表記）を行っていくと

$$\begin{pmatrix} 2 & 3 & \vdots & 1 \\ 3 & -2 & \vdots & 8 \end{pmatrix} \to \begin{pmatrix} -1 & 5 & \vdots & -7 \\ 3 & -2 & \vdots & 8 \end{pmatrix} \to \begin{pmatrix} 1 & -5 & \vdots & 7 \\ 3 & -2 & \vdots & 8 \end{pmatrix} \to$$

$\qquad\qquad\quad r_1 - r_2 \qquad\qquad\qquad r_1 \times (-1) \qquad\qquad\quad r_2 - 3r_1$

$$\begin{pmatrix} 1 & -5 & \vdots & 7 \\ 0 & 13 & \vdots & -13 \end{pmatrix} \to \begin{pmatrix} 1 & -5 & \vdots & 7 \\ 0 & 5 & \vdots & -5 \end{pmatrix} \to \begin{pmatrix} 1 & 0 & \vdots & 2 \\ 0 & 5 & \vdots & -5 \end{pmatrix} \to$$

$\qquad\quad r_2 \times (5/13) \qquad\qquad\qquad r_1 + r_2 \qquad\qquad\qquad r_2 \times (1/5)$

$$\begin{pmatrix} 1 & 0 & \vdots & 2 \\ 0 & 1 & \vdots & -1 \end{pmatrix} \quad \text{よって} \quad \begin{pmatrix} x \\ y \end{pmatrix} = \begin{pmatrix} 2 \\ -1 \end{pmatrix} \quad \text{が解として得られる。}$$

2.6.2. 逆行列の求め方

このように、行基本変形によって連立 1 次方程式の解法が可能となる。しかし、正直なところ、この拡大係数行列を用いた解法は、あまりスマートとは言えない。実際に経験してみれば分かるが、普通に解いた方がむしろ速い場合もある。

それでは、どうして、このような手法があるか。その理由のひとつは、行列を使って連立 1 次方程式を解く場合の素過程を理解する助けになることが挙げられる。さらに、変数が多い場合にも、地道に行基本変形を行っていけば、(解がある場合には) 解にたどりつくことができる。(それにいちいち変数を書く手間も省ける。)

さらに、応用という観点では、つぎに示すように逆行列を求める方法にも行基本変形が利用できる。実際に具体例で考えてみよう。

いまつぎの行列が与えられているときに、その逆行列を求めたい。

$$\begin{pmatrix} 2 & 3 \\ 1 & 2 \end{pmatrix}$$

このとき逆行列を

$$\tilde{X} = \begin{pmatrix} e & f \\ g & h \end{pmatrix}$$

と置いて

$$\begin{pmatrix} 2 & 3 \\ 1 & 2 \end{pmatrix} \begin{pmatrix} e & f \\ g & h \end{pmatrix} = \begin{pmatrix} 1 & 0 \\ 0 & 1 \end{pmatrix}$$

を計算して、値を求めることもできるが、拡大係数行列と同様に

$$\begin{pmatrix} 2 & 3 & \vdots & 1 & 0 \\ 1 & 2 & \vdots & 0 & 1 \end{pmatrix}$$

と置いて、連立 1 次方程式を求めた方法と同じ行基本変形を行えば、逆行列を比較的簡単に求められる。それでは、具体的に計算してみよう。

$$\begin{pmatrix} 2 & 3 & \vdots & 1 & 0 \\ 1 & 2 & \vdots & 0 & 1 \end{pmatrix} \rightarrow \begin{pmatrix} 1 & 1 & \vdots & 1 & -1 \\ 1 & 2 & \vdots & 0 & 1 \end{pmatrix} \rightarrow \begin{pmatrix} 1 & 1 & \vdots & 1 & -1 \\ 0 & 1 & \vdots & -1 & 2 \end{pmatrix}$$

$$\rightarrow \begin{pmatrix} 1 & 0 & \vdots & 2 & -3 \\ 0 & 1 & \vdots & -1 & 2 \end{pmatrix}$$

と変形できる。ここで、逆行列は

$$\begin{pmatrix} 2 & -3 \\ -1 & 2 \end{pmatrix}$$

と求められる。実際に検算してみると

$$\begin{pmatrix} 2 & 3 \\ 1 & 2 \end{pmatrix} \begin{pmatrix} 2 & -3 \\ -1 & 2 \end{pmatrix} = \begin{pmatrix} 2 \times 2 - 3 \times 1 & -3 \times 2 + 3 \times 2 \\ 1 \times 2 - 2 \times 1 & -3 \times 1 + 2 \times 2 \end{pmatrix} = \begin{pmatrix} 1 & 0 \\ 0 & 1 \end{pmatrix}$$

となって、確かに逆行列であることがわかる。

それでは、どうしてこの方法で逆行列を求めることができるのであろうか。最初の式に戻って考えてみよう。

$$\begin{pmatrix} 2 & 3 \\ 1 & 2 \end{pmatrix} \begin{pmatrix} e & f \\ g & h \end{pmatrix} = \begin{pmatrix} 1 & 0 \\ 0 & 1 \end{pmatrix}$$

これが逆行列を決める式である。これを、連立方程式として取り出すと

$$\begin{cases} 2e + 3g = 1 \\ 1e + 2g = 0 \end{cases} \quad \begin{cases} 2f + 3h = 0 \\ 1f + 2h = 1 \end{cases}$$

という方程式を満足する解を探すことになる。これをよくみれば、まず、

係数行列がそれぞれの連立方程式で共通である。さらに、それぞれの拡大係数行列を書くと

$$\begin{pmatrix} 2 & 3 & \vdots & 1 \\ 1 & 2 & \vdots & 0 \end{pmatrix} \text{と} \begin{pmatrix} 2 & 3 & \vdots & 0 \\ 1 & 2 & \vdots & 1 \end{pmatrix}$$

となるが、左の 2 行 2 列の行列は共通であるから、行基本変形 (elementary row operations) によって、これを

$$\begin{pmatrix} 1 & 0 \\ 0 & 1 \end{pmatrix}$$

と変形する操作は両方の拡大係数行列 (augmented matrix) に共通となる。とすれば、一緒にまとめて表示すれば、まとめて変換することができる。これが、逆行列を求められるトリックである。

さらに、この手法の便利な点は 2×2 行列だけではなく、すべての正方行列に対して、同じ方法が適用できる点にある。これを一般式をつかって表記すると、任意の n 次正方行列と n 次単位行列を、$\tilde{A}, \tilde{E}$ とすると $(\tilde{A}, \tilde{E})$ のかたちをした行列は、行基本変形で $(\tilde{E}, \tilde{A}^{-1})$ に変形できることを示している。

演習 2-4 行基本変形の手法を用いて、一般の 2×2 行列の逆行列を求めよ。

解) 2×2 行列を $\tilde{A} = \begin{pmatrix} a & b \\ c & d \end{pmatrix}$ とする。すると逆行列を求める行列は

$$\begin{pmatrix} a & b & \vdots & 1 & 0 \\ c & d & \vdots & 0 & 1 \end{pmatrix} \rightarrow \begin{pmatrix} a & b & \vdots & 1 & 0 \\ a & \dfrac{ad}{c} & \vdots & 0 & \dfrac{a}{c} \end{pmatrix} \rightarrow \begin{pmatrix} a & b & \vdots & 1 & 0 \\ 0 & \dfrac{ad}{c} - b & \vdots & -1 & \dfrac{a}{c} \end{pmatrix}$$

$\qquad\qquad\qquad\qquad r_2 \times (a/c) \qquad\qquad\qquad r_2 - r_1$

$$\to \begin{pmatrix} 1 & \dfrac{b}{a} & \vdots & \dfrac{1}{a} & 0 \\ 0 & \dfrac{ad-bc}{c} & \vdots & -1 & \dfrac{a}{c} \end{pmatrix} \to \begin{pmatrix} 1 & \dfrac{b}{a} & \vdots & \dfrac{1}{a} & 0 \\ 0 & \dfrac{b}{a} & \vdots & -\dfrac{cb}{a(ad-bc)} & \dfrac{b}{ad-bc} \end{pmatrix}$$

$r_1 \times (1/a)$ $\qquad\qquad\qquad\qquad r_2 \times (cb/a(ad-bc))$

$$\to \begin{pmatrix} 1 & 0 & \vdots & \dfrac{d}{ad-bc} & \dfrac{-b}{ad-bc} \\ 0 & \dfrac{b}{a} & \vdots & -\dfrac{cb}{a(ad-bc)} & \dfrac{b}{ad-bc} \end{pmatrix} \to \begin{pmatrix} 1 & 0 & \vdots & \dfrac{d}{ad-bc} & \dfrac{-b}{ad-bc} \\ 0 & 1 & \vdots & \dfrac{-c}{ad-bc} & \dfrac{a}{ad-bc} \end{pmatrix}$$

$r_1 - r_2$ $\qquad\qquad\qquad\qquad r_2 \times (a/b)$

となる。よって

$$\widetilde{A}^{-1} = \begin{pmatrix} \dfrac{d}{ad-bc} & \dfrac{-b}{ad-bc} \\ \dfrac{-c}{ad-bc} & \dfrac{a}{ad-bc} \end{pmatrix} = \dfrac{1}{ad-bc}\begin{pmatrix} d & -b \\ -c & a \end{pmatrix}$$

と計算できる。

演習 2-5 つぎの 3×3 行列の逆行列を求めよ。

$$\widetilde{A} = \begin{pmatrix} 4 & 3 & 2 \\ 2 & 2 & 1 \\ 3 & 6 & 2 \end{pmatrix}$$

解) つぎの 3 行 6 列の行列を行基本変形していけばよい。

$$\begin{pmatrix} 4 & 3 & 2 & 1 & 0 & 0 \\ 2 & 2 & 1 & 0 & 1 & 0 \\ 3 & 6 & 2 & 0 & 0 & 1 \end{pmatrix}$$

$$\begin{pmatrix} 4 & 3 & 2 & 1 & 0 & 0 \\ 2 & 2 & 1 & 0 & 1 & 0 \\ 3 & 6 & 2 & 0 & 0 & 1 \end{pmatrix} \rightarrow \begin{pmatrix} 1 & \frac{3}{4} & \frac{1}{2} & \frac{1}{4} & 0 & 0 \\ 1 & 1 & \frac{1}{2} & 0 & \frac{1}{2} & 0 \\ 1 & 2 & \frac{2}{3} & 0 & 0 & \frac{1}{3} \end{pmatrix} \rightarrow$$

$r_1/4, \quad r_2/2, \quad r_3/3 \hspace{4em} r_2 - r_1, \, r_3 - r_1$

$$\begin{pmatrix} 1 & \frac{3}{4} & \frac{1}{2} & \frac{1}{4} & 0 & 0 \\ 0 & \frac{1}{4} & 0 & -\frac{1}{4} & \frac{1}{2} & 0 \\ 0 & \frac{5}{4} & \frac{1}{6} & -\frac{1}{4} & 0 & \frac{1}{3} \end{pmatrix}$$

$$\rightarrow \begin{pmatrix} 1 & 0 & \frac{1}{2} & 1 & -\frac{3}{2} & 0 \\ 0 & \frac{1}{4} & 0 & -\frac{1}{4} & \frac{1}{2} & 0 \\ 0 & 0 & \frac{1}{6} & 1 & -\frac{5}{2} & \frac{1}{3} \end{pmatrix} \rightarrow \begin{pmatrix} 1 & 0 & \frac{1}{2} & 1 & -\frac{3}{2} & 0 \\ 0 & 1 & 0 & -1 & 2 & 0 \\ 0 & 0 & \frac{1}{6} & 1 & -\frac{5}{2} & \frac{1}{3} \end{pmatrix}$$

$r_1 - 3r_2, \, r_3 - 5r_2 \hspace{6em} r_2 \times 4$

$$\rightarrow \begin{pmatrix} 1 & 0 & \frac{1}{2} & 1 & -\frac{3}{2} & 0 \\ 0 & 1 & 0 & -1 & 2 & 0 \\ 0 & 0 & 1 & 6 & -15 & 2 \end{pmatrix} \rightarrow \begin{pmatrix} 1 & 0 & 0 & -2 & 6 & -1 \\ 0 & 1 & 0 & -1 & 2 & 0 \\ 0 & 0 & 1 & 6 & -15 & 2 \end{pmatrix}$$

$r_3 \times 6 \hspace{6em} r_1 - r_3/2$

となって、結局

$$\widetilde{A}^{-1} = \begin{pmatrix} -2 & 6 & -1 \\ -1 & 2 & 0 \\ 6 & -15 & 2 \end{pmatrix}$$

と計算できる。ためしに検算をしてみると

$$\tilde{A}\tilde{A}^{-1} = \begin{pmatrix} 4 & 3 & 2 \\ 2 & 2 & 1 \\ 3 & 6 & 2 \end{pmatrix} \begin{pmatrix} -2 & 6 & -1 \\ -1 & 2 & 0 \\ 6 & -15 & 2 \end{pmatrix} = \begin{pmatrix} -8-3+12 & 24+6-30 & -4+0+4 \\ -4-2+6 & 12+4-15 & -2+0+2 \\ -6-6+12 & 18+12-30 & -3+0+4 \end{pmatrix}$$

$$= \begin{pmatrix} 1 & 0 & 0 \\ 0 & 1 & 0 \\ 0 & 0 & 1 \end{pmatrix}$$

となって、確かに逆行列となっている。

演習 2-6 つぎの3元連立1次方程式を解法せよ。

$$\begin{cases} 4x + 3y + 2z = 1 \\ 2x + 2y + z = 1 \\ 3x + 6y + 2z = 6 \end{cases}$$

解） 係数行列と変数および定数項に対応したベクトルを

$$\tilde{A} = \begin{pmatrix} 4 & 3 & 2 \\ 2 & 2 & 1 \\ 3 & 6 & 2 \end{pmatrix} \quad \vec{X} = \begin{pmatrix} x \\ y \\ z \end{pmatrix} \quad \vec{B} = \begin{pmatrix} 1 \\ 1 \\ 6 \end{pmatrix}$$

とおくと

$$\tilde{A}\vec{X} = \vec{B}$$

となるが、この解は $\tilde{A}$ の逆行列をつかうと

$$\vec{X} = \tilde{A}^{-1}\vec{B}$$

ここで、前問の結果を使うと

$$\vec{X} = \begin{pmatrix} x \\ y \\ z \end{pmatrix} = \begin{pmatrix} -2 & 6 & -1 \\ -1 & 2 & 0 \\ 6 & -15 & 2 \end{pmatrix} \begin{pmatrix} 1 \\ 1 \\ 6 \end{pmatrix} = \begin{pmatrix} -2+6-6 \\ -1+2+0 \\ 6-15+12 \end{pmatrix} = \begin{pmatrix} -2 \\ 1 \\ 3 \end{pmatrix}$$

と簡単に解をもとめることができる。

このように、行列を使って、連立 1 次方程式を解く場合には、逆行列さえ求められれば、解を簡単な計算で求めることが可能となる。ただし、要素の数が多いと、逆行列を求めることは、それほど簡単ではないことを申し添えておく。

2.7. 行列の階数

いままで紹介してきた連立 1 次方程式は、すべて（唯一組の）解が存在しているが、一般的には、すべての連立方程式に解があるとは限らない。まず、方程式の数が変数の数よりも多い場合には、解が定まらない。一方、変数の数が方程式の数よりも多い場合には、無数の解が考えられる。そこで、変数の数と方程式の数が等しいケースを一般には取り扱う。このときの係数行列は正方行列となる。

それでは、つぎの 3 元連立 1 次方程式を解法してみよう。

$$\begin{cases} 3x + 5y + 6z = 5 \\ 2x + 4y + 5z = 3 \\ 3x + 7y + 9z = 4 \end{cases}$$

いろいろな手法が考えられるが、拡大係数行列にして、行基本変形をおこなってみる（ここでは、行基本変形を各行の横に書いてある）。すると

$$\begin{pmatrix} 3 & 5 & 6 & 5 \\ 2 & 4 & 5 & 3 \\ 3 & 7 & 9 & 4 \end{pmatrix} \rightarrow \begin{pmatrix} 3 & 5 & 6 & 5 \\ 0 & 2 & 3 & -1 \\ 0 & 2 & 3 & -1 \end{pmatrix} \begin{matrix} \\ 3r_2 - 2r_1 \\ r_3 - r_1 \end{matrix}$$

$$\rightarrow \begin{pmatrix} 3 & 5 & 6 & 5 \\ 0 & 2 & 3 & -1 \\ 0 & 0 & 0 & 0 \end{pmatrix} r_3 - r_2$$

となって、困ったことに成分がすべて 0 の行ができてしまった。しかし、これは問題ないのであって、最後の行列を方程式のかたちに戻すと

$$3x + 5y + 6z = 5$$
$$2y + 3z = -1$$

と変形できることを示している。これは変数が3個もあるのに、方程式は2つしかないことに対応しており、解に自由度があることを示している。実際 α を適当な変数とすると

$$x = \alpha, \quad y = -3\alpha + 7, \quad z = 2\alpha - 5$$

が表記の連立 1 次方程式を満足することが分かる。つまり、無限の解が存在することになる。さて、ここで、この係数行列を取り出してみると

$$\begin{pmatrix} 3 & 5 & 6 \\ 2 & 4 & 5 \\ 3 & 7 & 9 \end{pmatrix}$$

であるが、行基本変形を行うと

$$\begin{pmatrix} 3 & 5 & 6 \\ 0 & 2 & 3 \\ 0 & 2 & 3 \end{pmatrix} \begin{matrix} 3r_2 - 2r_1 \\ r_3 - r_1 \end{matrix} \rightarrow \begin{pmatrix} 3 & 5 & 6 \\ 0 & 2 & 3 \\ 0 & 0 & 0 \end{pmatrix} r_3 - r_2$$

となって、この場合にも成分が 0 だけからなる行列ができる。これは、この係数の組み合わせでは、適当な行基本変形によって、方程式が 2 つになってしまうことを示している。つまり、3 個の方程式があるが、実質的には 2 個の方程式の役目しか果たさないことを示している。このような行列を階数 (rank) が 2 の行列という。

一般的には、行基本変形を行って簡単化したとき、成分が 0 以外の行の数を、その行列の階数と呼んでいる。よって、行列の階数は実質的な方程式の数である。
　ところで、ここで最初の方程式の定数を変えて、つぎのような 3 元連立 1 次方程式を考えてみる。

$$\begin{cases} 3x + 5y + 6z = 5 \\ 2x + 4y + 5z = 3 \\ 3x + 7y + 9z = 5 \end{cases}$$

この係数拡大行列を、同様にして求めると

$$\begin{pmatrix} 3 & 5 & 6 & 5 \\ 2 & 4 & 5 & 3 \\ 3 & 7 & 9 & 5 \end{pmatrix} \rightarrow \begin{pmatrix} 3 & 5 & 6 & 5 \\ 0 & 2 & 3 & -1 \\ 0 & 2 & 3 & 0 \end{pmatrix} \begin{matrix} \\ 3r_2 - 2r_1 \\ r_3 - r_1 \end{matrix}$$

$$\rightarrow \begin{pmatrix} 3 & 5 & 6 & 5 \\ 0 & 2 & 3 & -1 \\ 0 & 0 & 0 & 1 \end{pmatrix} \begin{matrix} \\ \\ r_3 - r_2 \end{matrix}$$

となって、成分がすべて 0 の行がなくなってしまった。(よって階数は 3 ということになる。) しかし、この最後の行をみると

$$0 \times x + 0 \times y + 0 \times z = 1$$

となっており、これを満足する解はない。つまり係数行列に成分がすべて 0 である行があるときは、拡大係数行列にも、やはり成分がすべて 0 である行がないと、解が存在しないことになる。これをもっともらしく書くと

$$\tilde{A}\vec{X} = \vec{B}$$

の連立 1 次方程式において、行列の階数を $rank \, \tilde{A}$ と表記すると

$$rank \, \tilde{A} = rank \left[\tilde{A} \vdots \vec{B} \right]$$

のときに解があるということになる。これは、係数行列に 0 だけの行があるにも関わらず、拡大係数行列に 0 ではない行があると、上の例で示すように矛盾した式が出てくるためである。ついでに、変数の数を n、係数行列および拡大係数行列の階を r とすると

　$n = r$ のとき（自由度 0 という）は、ただ 1 組の解しかなく、

　$n > r$ のとき（自由度 $n - r$ という）は、変数間に相関はあるものの、無数の解が得られる。

しかし、この程度の連立 1 次方程式では、わざわざ行列の階数 (rank) など求めなくとも、拡大係数行列を行基本変形していけば、どのような解があるかどうか、また自由度があるかどうかは、いずれ判断がつく。

2.8. 行列のまとめ——5 元連立 1 次方程式の解法

最後にまとめとして、つぎの 5 元連立 1 次方程式を、この章で学んだ行列の知識を使って解法してみよう。

$$\begin{cases} x_1 + 2x_2 + 2x_3 + x_4 + 4x_5 = 3 \\ 3x_1 + 4x_3 + 2x_4 + 5x_5 = 4 \\ 2x_1 + 3x_2 + 4x_3 + x_5 = 3 \\ 2x_1 + 3x_2 + 4x_3 + 3x_4 + 6x_5 = 10 \\ 4x_1 + x_2 + 6x_3 + 2x_4 + 7x_5 = 3 \end{cases}$$

これを行列とベクトルで整理すると

$$\begin{pmatrix} 1 & 2 & 2 & 1 & 4 \\ 3 & 0 & 4 & 2 & 5 \\ 2 & 3 & 4 & 0 & 1 \\ 2 & 3 & 4 & 3 & 6 \\ 4 & 1 & 6 & 2 & 7 \end{pmatrix} \begin{pmatrix} x_1 \\ x_2 \\ x_3 \\ x_4 \\ x_5 \end{pmatrix} = \begin{pmatrix} 3 \\ 4 \\ 3 \\ 10 \\ 3 \end{pmatrix}$$

と書くことができる。ここで、この拡大係数行列は

$$\begin{pmatrix} 1 & 2 & 2 & 1 & 4 & \vdots & 3 \\ 3 & 0 & 4 & 2 & 5 & \vdots & 4 \\ 2 & 3 & 4 & 0 & 1 & \vdots & 3 \\ 2 & 3 & 4 & 3 & 6 & \vdots & 10 \\ 4 & 1 & 6 & 2 & 7 & \vdots & 3 \end{pmatrix}$$

となる。これを行基本変形を行って変形していく。

$$\begin{pmatrix} 1 & 2 & 2 & 1 & 4 & \vdots & 3 \\ 3 & 0 & 4 & 2 & 5 & \vdots & 4 \\ 2 & 3 & 4 & 0 & 1 & \vdots & 3 \\ 2 & 3 & 4 & 3 & 6 & \vdots & 10 \\ 4 & 1 & 6 & 2 & 7 & \vdots & 3 \end{pmatrix} \rightarrow \begin{pmatrix} 1 & 2 & 2 & 1 & 4 & \vdots & 3 \\ 3 & 0 & 4 & 2 & 5 & \vdots & 4 \\ 2 & 3 & 4 & 0 & 1 & \vdots & 3 \\ 0 & 0 & 0 & 3 & 5 & \vdots & 7 \\ 1 & 1 & 2 & 0 & 2 & \vdots & -1 \end{pmatrix} \begin{matrix} \\ \\ \\ r_4 - r_3 \\ r_5 - r_2 \end{matrix}$$

$$\begin{pmatrix} 1 & 2 & 2 & 1 & 4 & \vdots & 3 \\ 3 & 0 & 4 & 2 & 5 & \vdots & 4 \\ 2 & 3 & 4 & 0 & 1 & \vdots & 3 \\ 0 & 0 & 0 & 3 & 5 & \vdots & 7 \\ 1 & 1 & 2 & 0 & 2 & \vdots & -1 \end{pmatrix} \rightarrow \begin{pmatrix} 0 & 1 & 0 & 1 & 2 & \vdots & 4 \\ 0 & -3 & -2 & 2 & -1 & \vdots & 7 \\ 0 & 1 & 0 & 0 & -3 & \vdots & 5 \\ 0 & 0 & 0 & 3 & 5 & \vdots & 7 \\ 1 & 1 & 2 & 0 & 2 & \vdots & -1 \end{pmatrix} \begin{matrix} r_1 - r_5 \\ r_2 - 3r_5 \\ r_3 - 2r_5 \\ \\ \end{matrix}$$

$$\begin{pmatrix} 0 & 1 & 0 & 1 & 2 & \vdots & 4 \\ 0 & -3 & -2 & 2 & -1 & \vdots & 7 \\ 0 & 1 & 0 & 0 & -3 & \vdots & 5 \\ 0 & 0 & 0 & 3 & 5 & \vdots & 7 \\ 1 & 1 & 2 & 0 & 2 & \vdots & -1 \end{pmatrix} \rightarrow \begin{pmatrix} 0 & 0 & 0 & 1 & 5 & \vdots & -1 \\ 0 & 0 & -2 & 2 & -10 & \vdots & 22 \\ 0 & 1 & 0 & 0 & -3 & \vdots & 5 \\ 0 & 0 & 0 & 3 & 5 & \vdots & 7 \\ 1 & 0 & 2 & 0 & 5 & \vdots & -6 \end{pmatrix} \begin{matrix} r_1 - r_3 \\ r_2 + 3r_3 \\ \\ \\ r_5 - r_3 \end{matrix}$$

$$\begin{pmatrix} 0 & 0 & 0 & 1 & 5 & \vdots & -1 \\ 0 & 0 & -2 & 2 & -10 & \vdots & 22 \\ 0 & 1 & 0 & 0 & -3 & \vdots & 5 \\ 0 & 0 & 0 & 3 & 5 & \vdots & 7 \\ 1 & 0 & 2 & 0 & 5 & \vdots & -6 \end{pmatrix} \rightarrow \begin{pmatrix} 0 & 0 & 0 & 1 & 5 & \vdots & -1 \\ 0 & 0 & -2 & 2 & -10 & \vdots & 22 \\ 0 & 1 & 0 & 0 & -3 & \vdots & 5 \\ 0 & 0 & 0 & 2 & 0 & \vdots & 8 \\ 1 & 0 & 0 & 2 & -5 & \vdots & 16 \end{pmatrix} \begin{matrix} \\ \\ \\ r_4 - r_1 \\ r_5 + r_2 \end{matrix}$$

$$\begin{pmatrix} 0 & 0 & 0 & 1 & 5 & \vdots & -1 \\ 0 & 0 & -2 & 2 & -10 & \vdots & 22 \\ 0 & 1 & 0 & 0 & -3 & \vdots & 5 \\ 0 & 0 & 0 & 2 & 0 & \vdots & 8 \\ 1 & 0 & 0 & 2 & -5 & \vdots & 16 \end{pmatrix} \rightarrow \begin{pmatrix} 0 & 0 & 0 & 0 & 10 & \vdots & -10 \\ 0 & 0 & -2 & 0 & -10 & \vdots & 14 \\ 0 & 1 & 0 & 0 & -3 & \vdots & 5 \\ 0 & 0 & 0 & 2 & 0 & \vdots & 8 \\ 1 & 0 & 0 & 0 & -5 & \vdots & 8 \end{pmatrix} \begin{matrix} 2r_1 - r_4 \\ r_2 - r_4 \\ \\ \\ r_5 - r_4 \end{matrix}$$

$$\begin{pmatrix} 0 & 0 & 0 & 0 & 10 & \vdots & -10 \\ 0 & 0 & -2 & 0 & -10 & \vdots & 14 \\ 0 & 1 & 0 & 0 & -3 & \vdots & 5 \\ 0 & 0 & 0 & 2 & 0 & \vdots & 8 \\ 1 & 0 & 0 & 0 & -5 & \vdots & 8 \end{pmatrix} \rightarrow \begin{pmatrix} 1 & 0 & 0 & 0 & -5 & \vdots & 8 \\ 0 & 1 & 0 & 0 & -3 & \vdots & 5 \\ 0 & 0 & -2 & 0 & -10 & \vdots & 14 \\ 0 & 0 & 0 & 2 & 0 & \vdots & 8 \\ 0 & 0 & 0 & 0 & 10 & \vdots & -10 \end{pmatrix}$$

$$\begin{pmatrix} 1 & 0 & 0 & 0 & -5 & \vdots & 8 \\ 0 & 1 & 0 & 0 & -3 & \vdots & 5 \\ 0 & 0 & -2 & 0 & -10 & \vdots & 14 \\ 0 & 0 & 0 & 2 & 0 & \vdots & 8 \\ 0 & 0 & 0 & 0 & 10 & \vdots & -10 \end{pmatrix} \rightarrow \begin{pmatrix} 1 & 0 & 0 & 0 & -5 & \vdots & 8 \\ 0 & 1 & 0 & 0 & -3 & \vdots & 5 \\ 0 & 0 & -2 & 0 & 0 & \vdots & 4 \\ 0 & 0 & 0 & 2 & 0 & \vdots & 8 \\ 0 & 0 & 0 & 0 & 1 & \vdots & -1 \end{pmatrix} \begin{matrix} \\ \\ r_3 + r_5 \\ \\ r_5 / 10 \end{matrix}$$

$$\begin{pmatrix} 1 & 0 & 0 & 0 & -5 & \vdots & 8 \\ 0 & 1 & 0 & 0 & -3 & \vdots & 5 \\ 0 & 0 & -2 & 0 & 0 & \vdots & 4 \\ 0 & 0 & 0 & 2 & 0 & \vdots & 8 \\ 0 & 0 & 0 & 0 & 1 & \vdots & -1 \end{pmatrix} \rightarrow \begin{pmatrix} 1 & 0 & 0 & 0 & 0 & \vdots & 3 \\ 0 & 1 & 0 & 0 & 0 & \vdots & 2 \\ 0 & 0 & 1 & 0 & 0 & \vdots & -2 \\ 0 & 0 & 0 & 1 & 0 & \vdots & 4 \\ 0 & 0 & 0 & 0 & 1 & \vdots & -1 \end{pmatrix} \begin{matrix} r_1 + 5r_5 \\ r_2 + 3r_5 \\ r_3 /(-2) \\ r_4 / 2 \\ \end{matrix}$$

よって解として

$$\begin{pmatrix} x_1 \\ x_2 \\ x_3 \\ x_4 \\ x_5 \end{pmatrix} = \begin{pmatrix} 3 \\ 2 \\ -2 \\ 4 \\ -1 \end{pmatrix}$$ が得られる。

第3章　行列式

　線形代数は、基本的には多元連立 1 次方程式を解法する手法を学ぶ学問である。その基本構成要素として行列とベクトルを紹介してきた。実際に係数行列と変数ベクトル、定数項ベクトルの組み合わせで、方程式の解を得る方法についても紹介した。

　ところが、連立 1 次方程式の解法という観点では、その主役を演じるのは行列式 (determinant) である。もちろん、行列やベクトルも重要であるが、方程式を解法するという機能面から見れば、行列式のパワーの方が行列を圧倒的に凌駕している。しかし、実質的な機能と数学的な面白さは別物である。

　なぜ、こんな話をするかというと、実は行列式には悪い思い出がある。米国の大学で代数学を選択したら、毎時間、行列式の計算をやらされて辟易したことがある。大学の数学というものは、もっとあざやかでわくわくするテーマを扱うものと思っていたら、やたら時間がかかるだけで、あまり実入りのなさそうな演習ばかりである。思いあまって、教授に「何のために、こんなつまらない計算問題をやるのか」と質問に行ったら、いまは分からないかもしれないが、いずれ分かるときが来ると言われた。

　ただ、行列式は「コーワセキ」[1]という日本人が編み出したものだから、日本人ならばもっと真剣に勉強せよと説教されたことは印象に残った。行列式（当時は determinant という認識しかなかったが）が日本人が考案した

---

[1]　その後コーワセキは、江戸時代初期に活躍した有名な和算術（日本独自で発達した数学）の大家「関孝和」（たかかずとも読む）というひとであることを知った。ただし、彼が行列式の考案者かどうかについては、数学界でのコンセンサスは必ずしも得られていないようである。

ものとは知らなかったので、大いに親近感を覚えはしたが、かといって退屈な計算に真剣に取り組もうという気にはならなかった。

今にして思えば、当時はそれほどコンピュータ技術も進んでいなかったから、プログラムをつくる段階で、行列式をできるだけすっきりしたかたちに変形しないと、やたらと計算に時間を食うという問題があったのかもしれない。このため、多変数を扱う行列や行列式をうまく変形する技法が重要であったのであろう。

その後、コンピュータの技術開発は急速に進んで、少々複雑な計算でも簡単にこなせるようになった。このため、大学のときに学んだ行列式の計算手法の恩恵を実感しないまま現在に至っている。驚くことに、今ではパソコンでも、市販のソフトを使えば、さほど苦労をせずに行列式を計算できるようになっている。

冒頭で、このような話をすると、では何のために行列式を習うのかという疑問も湧こうが、決して行列式が役に立たないと言っているわけではない。専門課程、特に量子力学や多変数の取り扱いをするようになると、いろいろな場面で、行列式が顔を出す。ただコンピュータの能力がこれだけ進んだため、行列式が持っていた数値計算の短縮化という(ひとつの)利点が失われつつあるという事実を伝えたかっただけである[2]。

もちろん、行列や行列式の持つ数学的応用は広範囲に及ぶので、これらの概念は今後も多くの分野で活躍することは間違いない。そこで、本章では、本来の連立方程式の解法に対する行列式の役割をまず説明する。

3.1. 行列式による連立1次方程式の解法

行列式の定義について紹介する前に、もう一度連立1次方程式について

---

[2] コンピュータの発達で、対数計算や対数尺の利用が廃れてしまった現状と一面では相通ずるところがある。ただし、計算手法としては重宝されなくなったが、対数の数学的概念は非常に重要であり、理工系数学で重要な地位を占めている。行列式も同様である。

復習してみよう。いま、つぎの 2 元連立 1 次方程式が与えられているとする。

$$\begin{cases} a_{11}x_1 + a_{12}x_2 = b_1 \\ a_{21}x_1 + a_{22}x_2 = b_2 \end{cases}$$

この解法にはいろいろあるが、普通の方法で解くと、まず上式に a_{22} を、下式に a_{12} をかけて引き算をする。すると

$$\begin{array}{r} a_{11}a_{22}x_1 + a_{12}a_{22}x_2 = a_{22}b_1 \\ -)\ a_{12}a_{21}x_1 + a_{12}a_{22}x_2 = a_{12}b_2 \\ \hline (a_{11}a_{22} - a_{12}a_{21})x_1 = a_{22}b_1 - a_{12}b_2 \end{array}$$

となって

$$x_1 = \frac{a_{22}b_1 - a_{12}b_2}{a_{11}a_{22} - a_{12}a_{21}}$$

が解として得られる。同様にして

$$x_2 = \frac{a_{11}b_2 - a_{21}b_1}{a_{11}a_{22} - a_{12}a_{21}}$$

となる。ここで、これら解の分母は共通であるが、今かりに

$$\begin{vmatrix} a_{11} & a_{12} \\ a_{21} & a_{22} \end{vmatrix} = a_{11}a_{22} - a_{12}a_{21}$$

という約束をしたとしよう。(実は、これが 2 次の行列式の定義である。いきなり定義から入るのは好きではないが、訳あってこうしているので、ご容赦願いたい。)

　すると、分子の方も行列式を使って書くことができ、連立方程式の解は

第3章 行列式

$$x_1 = \frac{\begin{vmatrix} b_1 & a_{12} \\ b_2 & a_{22} \end{vmatrix}}{\begin{vmatrix} a_{11} & a_{12} \\ a_{21} & a_{22} \end{vmatrix}} \qquad x_2 = \frac{\begin{vmatrix} a_{11} & b_1 \\ a_{21} & b_2 \end{vmatrix}}{\begin{vmatrix} a_{11} & a_{12} \\ a_{21} & a_{22} \end{vmatrix}}$$

とまとめられる。ここで、分子をよく見ると、x_1 の解は、分母の行列式の x_1 に関する係数を定数項で置き換えたものとなっている。同様に、x_2 の解の分子は、分母の行列式の x_2 に関する係数ベクトルを定数項で置き換えたものとなっている。

行列式による解法がすばらしいのは、この規則性が一般の n 次元ベクトルにもそのままあてはまる点にある。このような機械的な操作によって連立1次方程式を難なく求めることができる。(この操作で解が求められるトリックについては後ほど説明する。)

この法則は、クラメールの公式 (Cramer's rule) として（日本では）知られている[3]。例として、以上の法則を3元連立1次方程式に適用すると

$$\begin{cases} a_{11}x_1 + a_{12}x_2 + a_{13}x_3 = b_1 \\ a_{21}x_1 + a_{22}x_2 + a_{23}x_3 = b_2 \\ a_{31}x_1 + a_{32}x_2 + a_{33}x_3 = b_3 \end{cases}$$

の方程式の解は機械的に

$$x_1 = \frac{\begin{vmatrix} b_1 & a_{12} & a_{13} \\ b_2 & a_{22} & a_{23} \\ b_3 & a_{32} & a_{33} \end{vmatrix}}{\begin{vmatrix} a_{11} & a_{12} & a_{13} \\ a_{21} & a_{22} & a_{23} \\ a_{31} & a_{32} & a_{33} \end{vmatrix}} \qquad x_2 = \frac{\begin{vmatrix} a_{11} & b_1 & a_{13} \\ a_{21} & b_2 & a_{23} \\ a_{31} & b_3 & a_{33} \end{vmatrix}}{\begin{vmatrix} a_{11} & a_{12} & a_{13} \\ a_{21} & a_{22} & a_{23} \\ a_{31} & a_{32} & a_{33} \end{vmatrix}} \qquad x_3 = \frac{\begin{vmatrix} a_{11} & a_{12} & b_1 \\ a_{21} & a_{22} & b_2 \\ a_{31} & a_{32} & b_3 \end{vmatrix}}{\begin{vmatrix} a_{11} & a_{12} & a_{13} \\ a_{21} & a_{22} & a_{23} \\ a_{31} & a_{32} & a_{33} \end{vmatrix}}$$

---

[3] 英語では、クレイマーと発音するので、日本に来てクラメールと言われても、最初はピンと来なかった。逆の視点でみると、日本の研究者が海外の学会でクラメールの法則と発音しても、誰も分からないという悲劇が起こることになる。

と与えられることになる。つまり、解の分母は係数行列の行列式であり、分子は、その変数に対応した係数だけ定数項で置き換えたものになっている。この公式は、成分の数が増えても、そのまま適用できる。答を出すには、あとは、行列式を計算しさえすればよいのである。

それでは、どのようなトリックで、この手法で解を求めることができるのであろうか。実は、行列式の定義にヒントが隠されている。そこで、行列式の定義からまず見てみよう。

3.2. 行列式の定義とは

序章で、行列と行列式はまったく別ものであるという話をした。それは、行列はあくまでも複数の数字からなる集合体であるのに対し、行列式は、ある数値を与えるものだからである。それでは、行列式の計算はどのように進めるのであろうか。

行列式の計算を行うには、まず要素積 (product of matrix elements) と呼ばれる成分の積をつくる必要がある。このとき、要素積の成分は、各行各列から 1 個しか選べないという制約がある。たとえば、3×3 正方行列式で、a_{11} という要素を選ぶと、図 3-1 に示すように、1 行および 1 列からは要素積の成分を選ぶことはできない。よって残りの成分は、これ以外の行列の成分から選ぶことになる。ここで a_{23} という成分をつぎに選ぶと、2 行 3 列の成分も選ぶことができなくなるので、選べる成分は a_{32} しか残らない。よって、選んだ要素の組は

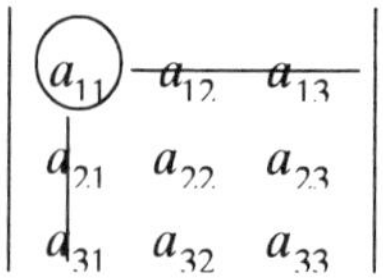

$$\begin{vmatrix} \boxed{a_{11}} & \cancel{a_{12}} & \cancel{a_{13}} \\ \cancel{a_{21}} & a_{22} & a_{23} \\ \cancel{a_{31}} & a_{32} & a_{33} \end{vmatrix}$$

図 3-1　要素積の成分の選び方。a_{11} を選ぶと、1 行および 1 列からは他の成分を選ぶことができない。

第3章 行列式

$$(a_{11}, a_{23}, a_{32})$$

となり、成分の行および列インデックスをみると、行も列もそれぞれ同じ数字は1回しか使っていないことが分かる。これが要素を選ぶ方法である。このようにして取り出した要素の積

$$a_{11}a_{23}a_{32}$$

を行列式の要素積と呼んでいる。

ここで、a_{11} の次に、a_{23} ではなく a_{22} を選ぶと、要素積の成分は a_{33} しか残らない。よって、この場合の要素積は

$$a_{11}a_{22}a_{33}$$

となる。

成分の数が増えても、このルールにしたがって要素を選んで要素積をつくることができる。そこで、一般化して n 次正方行列の場合の要素積を考えてみよう。まず、要素積の成分は、ひとつの行からは1回しか選べないから、行インデックス（添え字の左の数字）を1から n まで並べて

$$a_{1k_1}a_{2k_2}a_{3k_3}....a_{nk_n}$$

と一般式で書くことができる。

あとは、列インデックス（つまり k_n であるが、これも1から n の数字に対応する）の選び方を決めればよいのであるが、実はこれら要素積の総数は $n!$ 個ある。この理由を考えてみよう。

要素積をつくるときの手順として、混乱を避けるために、上の行から1個ずつ成分を選んでいく方法を採用してみよう。すると、最初の第1行の成分から選べる要素(a_{1k_1})の数は n 個である。(つまり k_1 の自由度は n 通りある。)これは、最初の成分は何を選んでもよいからである。ところが、2行目にいくと、1行目で選んだ要素の列（つまり k_1）からは、もう選べないので、選べる要素の数は残りの $(n-1)$ 個となる。行を降りるにしたがい、選

べる要素の数は1個ずつ減るから、その総数は

$$n \times (n-1) \times (n-2) \times ... \times 3 \times 2 \times 1 = n!$$

となる。

　これら $n!$ 個の要素積の総和が行列式の定義である。ただし、この和をとるとき、あるルールに従って正または負の符号を要素積につける。文章で説明するよりも、実際の例で示した方が分かりやすいので、2次の正方行列を例にとって、どのように要素積に符号をつけていくかを説明しよう。

$$\begin{pmatrix} a_{11} & a_{12} \\ a_{21} & a_{22} \end{pmatrix}$$

まず、この行列の要素積は2個の成分の積からなる。まず a_{11} の項と要素積の対象になるのは、1行にも1列にもない項である。それは a_{22} しかない。よって要素積は $a_{11}a_{22}$ となる。つぎに1行目で残った項は a_{12} であるが、この成分と要素積をつくれるのは a_{21} である。結局 2×2 行列の行列式の要素積は

$$a_{11}a_{22} \quad a_{12}a_{21}$$

の2個である。(実際、$2! = 2 \times 1 = 2$ となる。) 問題は、これら要素積につける符号をどのように決めるかである。これは、それぞれの成分の行インデックスと列インデックスを置換とみなして、次のルールにしたがって決めることになっている。例えば2個目の要素積の成分は、a_{12} と a_{21} であるが、a_{12} 成分では行インデックスが1で、列インデックスが2であるので、1→2 という置換に対応させる。同様に、a_{21} 成分では、行インデックスが2で、列インデックスが1であるので、この場合は 2→1 という置換になる。これをまとめて書くと

$$\sigma = \begin{pmatrix} 1 & 2 \\ 2 & 1 \end{pmatrix}$$

ここで、σは置換に対応した記号であり、上の行の数字が下の行の数字に置換されるという意味である。

さて、符号を決めるためのルールは、上の行インデックスと列インデックスからつくった置換（σ）をつくるために互換と呼ばれる操作が何個含まれているかで決定される。ちなみに、一般式で示せば、要素積

$$a_{1k_1} a_{2k_2} a_{3k_3} \cdots a_{nk_n}$$

に対応した置換は

$$\sigma = \begin{pmatrix} 1 & 2 & 3 & \cdots & n \\ k_1 & k_2 & k_3 & \cdots & k_n \end{pmatrix}$$

となる。要素積の定義から、下の列インデックスに対応した成分も、（順不同ではあるが）1からnまでの数字が重複なく並ぶことになる。

ここで、互換とは、n個の数字があった場合に、$n-2$個はそのままで、注目している2個だけを置換する操作である。例を示すと

$$\sigma_{1\leftrightarrow 2} = \begin{pmatrix} 1 & 2 & 3 & \cdots & n \\ 2 & 1 & 3 & \cdots & n \end{pmatrix} \quad \sigma_{2\leftrightarrow 3} = \begin{pmatrix} 1 & 2 & 3 & \cdots & n \\ 1 & 3 & 2 & \cdots & n \end{pmatrix}$$

を互換という。例えば、最初の置換では3以降の成分の置換は行わず、1→2、2→1という置換だけを行っている。よって、1と2の互換である。つぎの置換は、他の成分はそのままで、2→3、3→2という置換だけを行っており、2と3の互換である。

実は、どんなに複雑な置換でも、いくつかの互換の組み合わせで表すことができる。このとき、互換の数が偶数個の場合を偶置換、奇数個の置換を奇置換と呼ぶ。すべての置換は偶置換あるいは奇置換に分類される。ここで、置換（σ）に符号(sgn σと表記する)[4]をつけるのであるが、sgn σは偶

---

[4] sgnはシグナム (signum) と読み、数学において符号 (sign) という意味をもった表記方法である。つまりsgnσは置換σの符号となる。

置換の場合には正 (+1)、奇置換の場合は負 (−1) という取り決めをする。

ここで、ふたたび要素積 $a_{12}a_{21}$ に対応した置換をみると

$$\sigma = \begin{pmatrix} 1 & 2 \\ 2 & 1 \end{pmatrix}$$

であり、互換そのものである。つまり、互換の数は 1 個であるから、奇置換となって、符号は−となる。よって、この要素積をその符号もあわせて表記すると

$$-a_{12}a_{21}$$

ということになる。このように、符号までつけた要素積を符号付要素積 (signed product of matrix elements) と呼ぶ。それでは、もうひとつの要素積 $a_{11}a_{22}$ の符号はどうなるであろうか。同様にして、要素の行インデックスと列インデックスから置換をつくると

$$\begin{pmatrix} 1 & 2 \\ 1 & 2 \end{pmatrix}$$

となる。これは実は何も置換しないということを示しているが、これをあえて互換で表現すると

$$\begin{pmatrix} 1 & 2 \\ 2 & 1 \end{pmatrix}\begin{pmatrix} 1 & 2 \\ 2 & 1 \end{pmatrix} = \begin{pmatrix} 1 & 2 \\ 1 & 2 \end{pmatrix}$$

となって、2 回の互換であらわせる。（表記方法が同じで申し訳ないが、行列のかけ算ではないことに注意されたい。）

つまり、何も置換しない置換は、偶置換である。この 2 つの置換を追うと、最初の置換で 1→2 となるが、つぎの置換では 2→1 となるので、結局 1→2→1 となる。また 2→1→2 となって、最初と最後は確かに 1→1、2→2 となっている。また、何も置換しない置換はすべて 2 個の互換で表現できることは容易に理解できよう。つまり、互換が 2 個であるから偶置換となり、

第3章 行列式

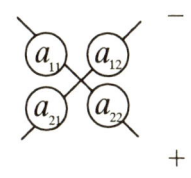

図 3-2 2×2正方行列の行列式のたすきがけ計算方法。図のように要素をたすきがけにし、順方向の要素積の符号は＋に、逆方向の要素積の符号は－にする。

符号は ＋ となる[5]。ここで、行列式は符号付要素積の和となって

$$\begin{vmatrix} a_{11} & a_{12} \\ a_{21} & a_{22} \end{vmatrix} = (\text{sgn}\,\sigma)a_{11}a_{22} + (\text{sgn}\,\sigma)a_{12}a_{21} = a_{11}a_{22} - a_{12}a_{21}$$

と与えられる。これが2次正方行列の行列式の定義となる。

よくみると、このかけ算は、図3-2に示すように、たすきがけのかけ算で、順方向が正、逆方向が負の符号をとっている。多くの教科書では2次の正方行列式の計算方法として、たすきがけ法が紹介されているが、それはあくまでも、機械的な計算方法であって、数学的な意味はない。

よって、その本質はいま説明した行列式の定義に従っていることを念頭においておく必要がある。(ただし、専門課程では、2×2行列が頻繁に使われるので、この計算方法を覚えておくと便利であることも事実である。)

ここで、行列式は2本の平行線で行列を挟んだ表記を本書では主に採用しているが、より直接的に determinant ということを示して

$$\det\begin{pmatrix} a_{11} & a_{12} \\ a_{21} & a_{22} \end{pmatrix} \quad \text{あるいは} \quad \det(\tilde{A}); \quad \det(a_{ij})$$

と書くこともある。この他にも多くの表記方法がある。

---

[5] この置換は、何も置換していないということから、互換の数は0として、偶置換とみなすという考え方もある。

それでは、少し煩雑にはなるが、3 次行列の場合の行列式を求めてみよう。

$$\begin{pmatrix} a_{11} & a_{12} & a_{13} \\ a_{21} & a_{22} & a_{23} \\ a_{31} & a_{32} & a_{33} \end{pmatrix}$$

2 次行列と同じように、まず要素積を取り出してみる。1 行目から a_{11} を選ぶと、行インデックスの 1 と列インデックスの 1 は使えないので、2 行から選べるのは a_{22} あるいは a_{23} のいずれかとなる。ここで a_{22} を選ぶと、3 行目の要素は自動的に a_{33} となり、a_{23} を選ぶと、a_{32} となる。よって a_{11} を含む要素積は

$$a_{11}a_{22}a_{33} \quad a_{11}a_{23}a_{32}$$

の 2 つとなる。最初の要素積の置換は行インデックスを上に、列インデックスを下に書いて

$$\begin{pmatrix} 1 & 2 & 3 \\ 1 & 2 & 3 \end{pmatrix}$$

となるが、これは

$$\begin{pmatrix} 1 & 2 & 3 \\ 1 & 2 & 3 \end{pmatrix} = \begin{pmatrix} 1 & 2 & 3 \\ 2 & 1 & 3 \end{pmatrix}\begin{pmatrix} 1 & 2 & 3 \\ 2 & 1 & 3 \end{pmatrix}$$

となって、2 回の互換の積で表されるので、偶置換である。よって符号は +1 となる。(あるいは、脚注で紹介したように互換 0 で偶置換という見方もできる。) 一方、つぎの要素積 $a_{11}a_{23}a_{32}$ の置換

$$\begin{pmatrix} 1 & 2 & 3 \\ 1 & 3 & 2 \end{pmatrix}$$

は、まさに互換そのものであるから、1 回の互換となり奇置換となる。よっ

第 3 章　行列式

て符号は−1 となる。

　同様にして、1 行目の a_{12} の要素が入った要素積は

$$a_{12}a_{21}a_{33} \quad a_{12}a_{23}a_{31}$$

の 2 つとなる。最初の項の置換は互換そのものであるから、奇置換となって符号は−1 となる。つぎの要素積の置換は

$$\begin{pmatrix}1 & 2 & 3\\ 1 & 3 & 2\end{pmatrix}\begin{pmatrix}1 & 2 & 3\\ 2 & 1 & 3\end{pmatrix} = \begin{pmatrix}1 & 2 & 3\\ 2 & 3 & 1\end{pmatrix}$$

となって、2 回の互換の積となる。それぞれの置換を追うと、最初の置換は 1→1 で、つぎの置換で 1→2 となっているので、結局 2 回の置換で 1 →2 となる。同様にして 2→3→3、3→1→2 となって、確かに左辺の互換を 2 回行うと、右辺の置換となっている。よって、この置換は偶置換となり、符号は+1 となる。a_{13} を含んだ要素積も、同じ要領で符号付要素積を取り出すことができ、3 次行列の行列式は、結局

$$\det\begin{pmatrix}a_{11} & a_{12} & a_{13}\\ a_{21} & a_{22} & a_{23}\\ a_{31} & a_{32} & a_{33}\end{pmatrix}$$
$$= a_{11}a_{22}a_{33} - a_{11}a_{23}a_{32} - a_{12}a_{21}a_{33} + a_{12}a_{23}a_{31} + a_{13}a_{21}a_{32} - a_{13}a_{22}a_{31}$$

と与えられる。確かに項数は、3! = 6 個となっている。

　この規則性に従って、4 次、5 次と行列式を求めていけばよいのであるが、数が少し増えただけで、要素積の数は 4! = 24 個、5! = 120 個と増えていき、とてもではないが、計算するだけで疲弊してしまうし、紙面ももったいない。そこで、実際には行列式が有する規則性をうまく利用して、より簡単な作業で計算できるように工夫する。

　その方法を説明する前に 3 次行列式には、2 次行列式のたすきがけに似た簡単な計算方法があるので、それを紹介しておく。いま図 3-3 に示すように、3 次行列を並列にならべる。

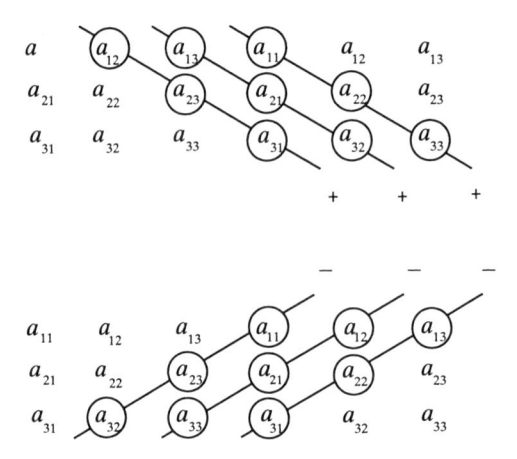

図 3-3 3次行列式の計算方法。図のように、行列式の数列を並べて表記する。そして、斜め上から下への要素積には＋を、斜め下から上への要素積には－の符号をつけて、すべて可能な要素積を加えると、行列式を計算できる。

　ここで、左上から右下へ斜めに 3 つの要素を選んだ積は正として、左下から右上へ斜めに 3 つの要素を選んだ積は負とすると、その総和が 3 次行列式を与えるというものである。これは、サラスの法則として知られており、3×3 行列式を簡単に求める方法として有名である。ただし、この方法にも数学的な意味はない。

　ただし、4 次以上の場合には、このような便利な計算方法はないので、行列式の定義に従って計算するしかない。ただし、繰り返すが、4 次行列式の要素積の数は 24 個もある。これをいちいち計算していたのでは時間ばかりかかってしまう。そこで、4 次以上の行列式の計算には技巧を使うことになる。

演習 3-1　3 次行列において a_{13} を含む要素積と、その符号を求めよ。

解） 1 行目から a_{13} を選ぶと、2 行目から選べる要素は a_{21} あるいは a_{22} であり、これが決まれば自動的に 3 行目の要素も決まる。よって要素積は

$$a_{13}a_{21}a_{32} \quad a_{13}a_{22}a_{31}$$

の 2 つとなる。つぎに、これら要素積の符号を決めるために、それぞれの置換をみると、$a_{13}a_{21}a_{32}$ では

$$\begin{pmatrix} 1 & 2 & 3 \\ 3 & 2 & 1 \end{pmatrix} \begin{pmatrix} 1 & 2 & 3 \\ 2 & 1 & 3 \end{pmatrix} = \begin{pmatrix} 1 & 2 & 3 \\ 3 & 1 & 2 \end{pmatrix}$$

となって、2 回の互換の積であるので偶置換であり、符号は+1 となる。つぎの $a_{13}a_{22}a_{31}$ では

$$\begin{pmatrix} 1 & 2 & 3 \\ 3 & 2 & 1 \end{pmatrix}$$

となるが、まさに互換であるから、奇置換となり、符号は -1 となる。よって、符号付要素積は

$$+ a_{13}a_{21}a_{32} \quad - a_{13}a_{22}a_{31}$$

となる。

3.3. 行列式の性質

3.3.1. 行列式の余因子展開

行列式には、いろいろと便利な性質があるが、まず 3 次行列の行列式をもう一度書き出すと

$$\begin{vmatrix} \text{\textcircled{a_{11}}} & \text{\cancel{a_{12}}} & \text{\cancel{a_{13}}} \\ \text{\cancel{a_{21}}} & a_{22} & a_{23} \\ \text{\cancel{a_{31}}} & a_{32} & a_{33} \end{vmatrix} \longrightarrow \begin{vmatrix} \text{\textcircled{a_{11}}} & \text{\cancel{a_{12}}} & \text{\cancel{a_{13}}} \\ \text{\cancel{a_{21}}} & a_{22} & a_{23} \\ \text{\cancel{a_{31}}} & a_{32} & a_{33} \end{vmatrix}$$

図 3-4 余因子展開の方法。行列式の計算の基礎は要素積である。ここで、a_{11} を含む要素積は、1 行 1 列からは他の成分を選べない。また、他の行と列から成分を選ぶ方法は、行列式の定義そのものである。よって 1 行 1 列を除いた行列式との積をとればよい。これが余因子展開の原理である。

$$\begin{vmatrix} a_{11} & a_{12} & a_{13} \\ a_{21} & a_{22} & a_{23} \\ a_{31} & a_{32} & a_{33} \end{vmatrix}$$
$$= a_{11}a_{22}a_{33} - a_{11}a_{23}a_{32} - a_{12}a_{21}a_{33} + a_{12}a_{23}a_{31} + a_{13}a_{21}a_{32} - a_{13}a_{22}a_{31}$$

であったが、これを 1 行目の要素 $(a_{1k}: k = 1, 2, 3)$ でくくると

$$a_{11}(a_{22}a_{33} - a_{23}a_{32}) - a_{12}(a_{21}a_{33} - a_{23}a_{31}) + a_{13}(a_{21}a_{32} - a_{22}a_{31})$$

となる。これは、行列式を使って

$$a_{11}\begin{vmatrix} a_{22} & a_{23} \\ a_{32} & a_{33} \end{vmatrix} - a_{12}\begin{vmatrix} a_{21} & a_{23} \\ a_{31} & a_{33} \end{vmatrix} + a_{13}\begin{vmatrix} a_{21} & a_{22} \\ a_{31} & a_{32} \end{vmatrix}$$

と書くことができる。このように、ある行（あるいは列）の要素で展開することができる。実は、このような展開は、すべての行列式で可能となるのであるが、その理由について考えてみる。

まず、要素積を取り出す場合に、a_{11} を選ぶと、つぎの要素は 1 行と 1 列から選ぶことはできない（図 3-4 参照）。よって、それ以外の行と列から要素を選ぶことになるが、その後の選び方はまさに行列式（つまり要素積の要素の選び方）の定義に従う。よって、行列式そのものとなる。この操作

第3章 行列式

は、なにも 3 次行列に限ったことではなく、すべての n 次行列に対して成立する。

ここで、このような展開を行ったときには、行列式に正負の符号がつくことに注意する必要がある。上の例では a_{12} の行列式の符号が -1 となっている。一般式で示すと、ある要素 (a_{ij}) の行 (i 行)と列 (j 列) を除いてできる行列 (minor matrix) の行列式をつくると、その符号は $(-1)^{i+j}$ となる。よって a_{11} では $+1$、a_{12} では $(-1)^{1+2} = -1$ より -1、そして a_{13} では $+1$ となる。具体的に括り出す要素ごとに正負を割り振ると、一般の行列では

$$\begin{pmatrix} + & - & + & \cdots \\ - & + & - & \cdots \\ + & - & + & \\ \vdots & \vdots & & \ddots \end{pmatrix}$$

という関係にある。このように、正負が交互にくるのは、符号付要素積をつくるときに、行および列インデックスを置換とみなして、互換の数から正負を割り振ったが、ちょうど、互換の数の偶奇が交互に表れるからである。(実用的には ij 成分の符号は $(-1)^{i+j}$ と、機械的に決めるのが便利である。)

この操作は、すべての n 次行列に対して成立する。符号に関しても、要素を a_{ij} で括り出した行列式では $(-1)^{i+j}$ となる。

専門的には、n 次正方行列から i 行と j 列を取りのぞいてできる $(n-1)$ 次正方行列式 (minor) に $(-1)^{i+j}$ をかけたものを余因子(cofactor of the i, j position) と呼んでいる。そして、ある行（あるいはある列）の成分の余因子をつかって行列式を展開することを余因子展開あるいはラプラス展開[6] (Laplace expansion) と呼んでいる。

この性質を使って、4 次行列式を 1 行目の成分で展開すると

---

[6] ラプラスがこの展開式を発見したために、この名がつけられているが、それよりも先に、冒頭で紹介した和算学者の関孝和が、この展開式を発見したと言われている。

$$\begin{vmatrix} a_{11} & a_{12} & a_{13} & a_{14} \\ a_{21} & a_{22} & a_{23} & a_{24} \\ a_{31} & a_{32} & a_{33} & a_{34} \\ a_{41} & a_{42} & a_{43} & a_{44} \end{vmatrix} = a_{11} \begin{vmatrix} a_{22} & a_{23} & a_{24} \\ a_{32} & a_{33} & a_{34} \\ a_{42} & a_{43} & a_{44} \end{vmatrix} - a_{12} \begin{vmatrix} a_{21} & a_{23} & a_{24} \\ a_{31} & a_{33} & a_{34} \\ a_{41} & a_{43} & a_{44} \end{vmatrix}$$

$$+ a_{13} \begin{vmatrix} a_{21} & a_{22} & a_{24} \\ a_{31} & a_{32} & a_{34} \\ a_{41} & a_{42} & a_{44} \end{vmatrix} - a_{14} \begin{vmatrix} a_{21} & a_{22} & a_{23} \\ a_{31} & a_{32} & a_{33} \\ a_{41} & a_{42} & a_{43} \end{vmatrix}$$

となる。

このように、いったん 3 次行列式の組み合わせにさえなれば、後の計算は、行列式の定義に頼らずに、機械的にサラスの公式を使って計算することも可能となる。5 次の場合も、同様の手法で適当な行あるいは列の要素で余因子展開して、4 次行列式の和に落として、さらに同様に 3 次行列式に落とせば、原理的には計算が可能となる。ただし、少し考えれば分かるが、この作業は気の遠くなるような手間を必要とする。そこで、行列式では、できるだけ計算を簡単にできるような工夫が要求される。

演習 3-2 つぎの行列式を余因子展開を利用して計算せよ。

$$\begin{vmatrix} 2 & 2 & 1 & 3 \\ 0 & 0 & 3 & 0 \\ 1 & 4 & 2 & 5 \\ 0 & 2 & 4 & 4 \end{vmatrix}$$

解) 第 2 行の成分で余因子展開すると

$$\begin{vmatrix} 2 & 2 & 1 & 3 \\ 0 & 0 & 3 & 0 \\ 1 & 4 & 2 & 5 \\ 0 & 2 & 4 & 4 \end{vmatrix} = -0 \begin{vmatrix} 2 & 1 & 3 \\ 4 & 2 & 5 \\ 2 & 4 & 4 \end{vmatrix} + 0 \begin{vmatrix} 2 & 1 & 3 \\ 1 & 2 & 5 \\ 0 & 4 & 4 \end{vmatrix} - 3 \begin{vmatrix} 2 & 2 & 3 \\ 1 & 4 & 5 \\ 0 & 2 & 4 \end{vmatrix} + 0 \begin{vmatrix} 2 & 2 & 1 \\ 1 & 4 & 2 \\ 0 & 2 & 4 \end{vmatrix}$$

すると、右辺の第 3 項以外はすべて 0 となる。つぎに、この項を第 1 列の成分で余因子展開すると

$$-3\begin{vmatrix} 2 & 2 & 3 \\ 1 & 4 & 5 \\ 0 & 2 & 4 \end{vmatrix} = -3 \cdot 2 \begin{vmatrix} 4 & 5 \\ 2 & 4 \end{vmatrix} + 3 \cdot 1 \begin{vmatrix} 2 & 3 \\ 2 & 4 \end{vmatrix} = -6(16-10) + 3(8-6) = -30$$

となって、0 の多い行列式では余因子展開によって行列式の値を簡単に求めることができる場合がある。(大学の演習で、このような問題が出るとほっとしたものである。)

3.3.2. 行列式の値が 0 となる場合

行列式においては、式の計算において便利な性質がいろいろとある。それを利用すると、値を簡単に求めることが可能となる。その基本的な性質についてまとめてみる。

まず、行列式の値が 0 になる場合を整理してみる。もし、ある行列の行または列のすべての成分が 0 であれば、行列式の値は 0 となる。この理由は明らかで、ひとつの行に着目すれば、すべての要素積に、この行の成分が必ず含まれるから、要素積は全部 0 となる。(あるいは、この行で余因子展開すれば、すべての項が 0 になることからも明らかである。) 一方、ひとつの列の成分がすべて 0 の場合にも、同様のことが言える。つまり

$$\det \begin{pmatrix} a_{11} & a_{12} & a_{13} & \cdots & a_{1n} \\ a_{21} & a_{22} & a_{23} & \cdots & \vdots \\ 0 & 0 & 0 & \cdots & 0 \\ \vdots & \vdots & \vdots & \ddots & \vdots \\ a_{n1} & a_{n2} & a_{n3} & \cdots & a_{nn} \end{pmatrix} = 0$$

あるいは

$$\det\begin{pmatrix} a_{11} & a_{12} & 0 & \cdots & a_{1n} \\ a_{21} & a_{22} & 0 & \cdots & \vdots \\ a_{31} & a_{32} & 0 & \cdots & a_{3n} \\ \vdots & \vdots & \vdots & \ddots & \vdots \\ a_{n1} & a_{n2} & 0 & \cdots & a_{nn} \end{pmatrix} = 0$$

となる。このケースは、あまり考えなくとも行列式の値が 0 となることは自明である。

つぎに、行列式の 2 つの行あるいは列が同じ場合にも行列式の値は 0 となる。

一般式で、この事実を確認する前に、まず 2 次および 3 次行列式で確認してみよう。2×2 行列式では

$$\begin{vmatrix} a & b \\ a & b \end{vmatrix} = ab - ba = 0 \qquad \begin{vmatrix} a & a \\ b & b \end{vmatrix} = ab - ab = 0$$

となって、確かに 0 となる。それでは、3 次行列式ではどうであろうか。ここで 3 次行列式の一般式を、もう一度書くと

$$\begin{vmatrix} a_{11} & a_{12} & a_{13} \\ a_{21} & a_{22} & a_{23} \\ a_{31} & a_{32} & a_{33} \end{vmatrix}$$
$$= a_{11}a_{22}a_{33} - a_{11}a_{23}a_{32} - a_{12}a_{21}a_{33} + a_{12}a_{23}a_{31} + a_{13}a_{21}a_{32} - a_{13}a_{22}a_{31}$$

であるが、ここで第 3 行に第 1 行を代入してみよう。すると

$$\begin{vmatrix} a_{11} & a_{12} & a_{13} \\ a_{21} & a_{22} & a_{23} \\ a_{11} & a_{12} & a_{13} \end{vmatrix}$$
$$= a_{11}a_{22}a_{13} - a_{11}a_{23}a_{12} - a_{12}a_{21}a_{13} + a_{12}a_{23}a_{11} + a_{13}a_{21}a_{12} - a_{13}a_{22}a_{11}$$
$$= (a_{11}a_{22}a_{13} - a_{13}a_{22}a_{11}) + (a_{12}a_{23}a_{11} - a_{11}a_{23}a_{12}) + (a_{13}a_{21}a_{12} - a_{12}a_{21}a_{13})$$
$$= 0 + 0 + 0 = 0$$

となって、確かに 3×3 行列式でも 2 つの行が同じならば行列式の値は 0 となる。

行列式の要素積は、行および列から重複せずに要素を取り出しているが、成分が同じ行や列が 2 つあると、符号が正負の項が必ずペアで出てくることになるため、行列式の値が 0 となる。より直接的な証明はのちほど紹介する。

3.3.3. 行列式の分解

つぎのような 3 次行列を考える。

$$\begin{pmatrix} a_{11} & a_{12} & a_{13} \\ a_{21}+b_{21} & a_{22}+b_{22} & a_{23}+b_{23} \\ a_{31} & a_{32} & a_{33} \end{pmatrix}$$

つまり、第 2 行が、ふたつの項の和でできている行列である。この行列の行列式は

$$\begin{vmatrix} a_{11} & a_{12} & a_{13} \\ a_{21}+b_{21} & a_{22}+b_{22} & a_{23}+b_{23} \\ a_{31} & a_{32} & a_{33} \end{vmatrix}$$
$$= a_{11}(a_{22}+b_{22})a_{33} - a_{11}(a_{23}+b_{23})a_{32} - a_{12}(a_{21}+b_{21})a_{33}$$
$$+ a_{12}(a_{23}+b_{23})a_{31} + a_{13}(a_{21}+b_{21})a_{32} - a_{13}(a_{22}+b_{22})a_{31}$$

となる。この（ ）内を分解して展開すれば、結局

$$\begin{vmatrix} a_{11} & a_{12} & a_{13} \\ a_{21}+b_{21} & a_{22}+b_{22} & a_{23}+b_{23} \\ a_{31} & a_{32} & a_{33} \end{vmatrix} = \begin{vmatrix} a_{11} & a_{12} & a_{13} \\ a_{21} & a_{22} & a_{23} \\ a_{31} & a_{32} & a_{33} \end{vmatrix} + \begin{vmatrix} a_{11} & a_{12} & a_{13} \\ b_{21} & b_{22} & b_{23} \\ a_{31} & a_{32} & a_{33} \end{vmatrix}$$

となることが分かる。つまり、ある行が 2 項の和になっている場合には、2

つの行列式に分けることができる。要素積のつくり方は、行列が大きくなっても変わらないから、この関係がすべての n 次正方行列式で成立することは明らかである。また、行が3項、4項の和になっている場合には、それぞれ3個および4個の行列式の足し算に分解できる。

あまり意味はないが

$$\begin{vmatrix} a_{11} & a_{12} & a_{13} \\ a_{21}+0 & a_{22}+0 & a_{23}+0 \\ a_{31} & a_{32} & a_{33} \end{vmatrix} = \begin{vmatrix} a_{11} & a_{12} & a_{13} \\ a_{21} & a_{22} & a_{23} \\ a_{31} & a_{32} & a_{33} \end{vmatrix} + \begin{vmatrix} a_{11} & a_{12} & a_{13} \\ 0 & 0 & 0 \\ a_{31} & a_{32} & a_{33} \end{vmatrix} = \begin{vmatrix} a_{11} & a_{12} & a_{13} \\ a_{21} & a_{22} & a_{23} \\ a_{31} & a_{32} & a_{33} \end{vmatrix}$$

のような分解も可能である。行の成分がすべて 0 である行列式の値が 0 となることは、この関係からも分かる。もちろん、この分解は列に対しても適用できる。この法則が成り立つことが分かると、行あるいは列の定数倍の計算もすぐにできる。例えば

$$\begin{vmatrix} a_{11} & a_{12} & a_{13} \\ a_{21}+a_{21} & a_{22}+a_{22} & a_{23}+a_{23} \\ a_{31} & a_{32} & a_{33} \end{vmatrix}$$
$$= \begin{vmatrix} a_{11} & a_{12} & a_{13} \\ a_{21} & a_{22} & a_{23} \\ a_{31} & a_{32} & a_{33} \end{vmatrix} + \begin{vmatrix} a_{11} & a_{12} & a_{13} \\ a_{21} & a_{22} & a_{23} \\ a_{31} & a_{32} & a_{33} \end{vmatrix} = 2\begin{vmatrix} a_{11} & a_{12} & a_{13} \\ a_{21} & a_{22} & a_{23} \\ a_{31} & a_{32} & a_{33} \end{vmatrix}$$

これを書き換えると

$$\begin{vmatrix} a_{11} & a_{12} & a_{13} \\ a_{21}+a_{21} & a_{22}+a_{22} & a_{23}+a_{23} \\ a_{31} & a_{32} & a_{33} \end{vmatrix} = \begin{vmatrix} a_{11} & a_{12} & a_{13} \\ 2a_{21} & 2a_{22} & 2a_{23} \\ a_{31} & a_{32} & a_{33} \end{vmatrix} = 2\begin{vmatrix} a_{11} & a_{12} & a_{13} \\ a_{21} & a_{22} & a_{23} \\ a_{31} & a_{32} & a_{33} \end{vmatrix}$$

となる。この足し算は何回でも繰り返すことができるので、結局、任意の実数を k とすると

$$\begin{vmatrix} a_{11} & a_{12} & a_{13} \\ ka_{21} & ka_{22} & ka_{23} \\ a_{31} & a_{32} & a_{33} \end{vmatrix} = k \begin{vmatrix} a_{11} & a_{12} & a_{13} \\ a_{21} & a_{22} & a_{23} \\ a_{31} & a_{32} & a_{33} \end{vmatrix}$$

という関係が成立することになる。つまり、ある行を k 倍すると、行列式の値も k 倍となる。これは列の場合にも成立する。

3.3.4. 行あるいは列の入れかえ

つぎに、2つの行を入れかえると行列式の符号が反転する。この事実を余因子展開で見てみよう。3×3 行列の行列式はつぎのように展開できる。

$$\begin{vmatrix} a_{11} & a_{12} & a_{13} \\ a_{21} & a_{22} & a_{23} \\ a_{31} & a_{32} & a_{33} \end{vmatrix} = a_{11} \begin{vmatrix} a_{22} & a_{23} \\ a_{32} & a_{33} \end{vmatrix} - a_{12} \begin{vmatrix} a_{21} & a_{23} \\ a_{31} & a_{33} \end{vmatrix} + a_{13} \begin{vmatrix} a_{21} & a_{22} \\ a_{31} & a_{32} \end{vmatrix}$$

ここで 1 行目と 2 行目を入れかえる (interchange) 操作を行い、2 行目の要素で余因子展開を行う。すると、符号が順次反転するから

$$\begin{vmatrix} a_{21} & a_{22} & a_{23} \\ a_{11} & a_{12} & a_{13} \\ a_{31} & a_{32} & a_{33} \end{vmatrix} = - a_{11} \begin{vmatrix} a_{22} & a_{23} \\ a_{32} & a_{33} \end{vmatrix} + a_{12} \begin{vmatrix} a_{21} & a_{23} \\ a_{31} & a_{33} \end{vmatrix} - a_{13} \begin{vmatrix} a_{21} & a_{22} \\ a_{31} & a_{32} \end{vmatrix}$$

となって

$$\begin{vmatrix} a_{11} & a_{12} & a_{13} \\ a_{21} & a_{22} & a_{23} \\ a_{31} & a_{32} & a_{33} \end{vmatrix} = - \begin{vmatrix} a_{21} & a_{22} & a_{23} \\ a_{11} & a_{12} & a_{13} \\ a_{31} & a_{32} & a_{33} \end{vmatrix}$$

という関係が得られ、行の入れかえで行列式の符号が反転することが確かめられる。(このように、となりどうしの行の入れかえでは、行列式には変化はなく、符号だけが反転するので、上の関係式はすべての n 次行列でも成立することは明らかである。)

ただし、いまの場合はとなりどうしの行の入れかえであったから、余因子の符号が変わったが、1つおきにある行の入れかえでは符号は変わらないはずである。そこで1行目と3行目を入れかえて、余因子展開を実行してみる。すると

$$\begin{vmatrix} a_{31} & a_{32} & a_{33} \\ a_{21} & a_{22} & a_{23} \\ a_{11} & a_{12} & a_{13} \end{vmatrix} = a_{11} \begin{vmatrix} a_{32} & a_{33} \\ a_{22} & a_{23} \end{vmatrix} - a_{12} \begin{vmatrix} a_{31} & a_{33} \\ a_{21} & a_{23} \end{vmatrix} + a_{13} \begin{vmatrix} a_{31} & a_{32} \\ a_{21} & a_{22} \end{vmatrix}$$

となって、符号は変わらないが、今度は余因子の行が入れかわっている。このために、行列式の値の符号が反転することになる。

演習 3-3　$n \times n$ 行列において2つの行を入れかえると、行列式の符号が反転することを示せ。

解）まず、すでに説明しているように、となりどうしの行や列の入れかえでは、余因子行列はそのままで符号が反転するのは 3×3 行列の場合と同様であるから、行列式の符号が反転する。

例として、つぎの $n \times n$ 行列で2行目と3行目を入れかえた行列をつくる。

$$\begin{pmatrix} a_{11} & a_{12} & a_{13} & \cdots & a_{1j} & \cdots & a_{1n} \\ a_{21} & a_{22} & a_{23} & \cdots & a_{2j} & \cdots & a_{2n} \\ a_{31} & a_{32} & a_{33} & \cdots & a_{3j} & \cdots & a_{3n} \\ \vdots & \vdots & \vdots & & \vdots & & \vdots \\ a_{i1} & a_{i2} & a_{i3} & \cdots & a_{ij} & \cdots & a_{in} \\ \vdots & \vdots & \vdots & & \vdots & & \vdots \\ a_{n1} & a_{n2} & a_{n3} & \cdots & a_{nj} & \cdots & a_{nn} \end{pmatrix} \rightarrow \begin{pmatrix} a_{11} & a_{12} & a_{13} & \cdots & a_{1j} & \cdots & a_{1n} \\ a_{31} & a_{32} & a_{33} & \cdots & a_{3j} & \cdots & a_{3n} \\ a_{21} & a_{22} & a_{23} & \cdots & a_{2j} & \cdots & a_{2n} \\ \vdots & \vdots & \vdots & & \vdots & & \vdots \\ a_{i1} & a_{i2} & a_{i3} & \cdots & a_{ij} & \cdots & a_{in} \\ \vdots & \vdots & \vdots & & \vdots & & \vdots \\ a_{n1} & a_{n2} & a_{n3} & \cdots & a_{nj} & \cdots & a_{nn} \end{pmatrix}$$

これで、最初の行列の行列式の2行めの要素で余因子展開したときの a_{21} に対応する行列は

$$\begin{pmatrix} a_{12} & a_{13} & \cdots & a_{1j} & \cdots & a_{1n} \\ a_{32} & a_{33} & \cdots & a_{3j} & \cdots & a_{3n} \\ \vdots & \vdots & \ddots & & & \vdots \\ a_{i2} & a_{i3} & & a_{ij} & & a_{in} \\ \vdots & \vdots & & & \ddots & \\ a_{n2} & a_{n3} & \cdots & a_{nj} & \cdots & a_{nn} \end{pmatrix}$$

となる。つぎに、2行目と3行目を入れかえた行列において、3行目の要素で展開したときの a_{21} に対する余因子を見ると、まったく変わらないことが分かる。ただし、展開の対象の行がひとつずれているため、符号がすべて反転する。よって、n 次行列で、となりどうしの行を入れかえた場合には、行列式の符号が必ず反転するのである。これは、列どうしの場合にもあてはまる。

つぎにひとつおいて、つぎの行列と入れかえした場合を考えてみよう。例として1行目と3行目を入れかえた場合を調べてみる。変換は

$$\begin{pmatrix} a_{11} & a_{12} & a_{13} & \cdots & a_{1j} & \cdots & a_{1n} \\ a_{21} & a_{22} & a_{23} & \cdots & a_{2j} & \cdots & a_{2n} \\ a_{31} & a_{32} & a_{33} & \cdots & a_{3j} & \cdots & a_{3n} \\ \vdots & \vdots & \vdots & & \vdots & & \vdots \\ a_{i1} & a_{i2} & a_{i3} & \cdots & a_{ij} & \cdots & a_{in} \\ \vdots & \vdots & \vdots & & \vdots & & \vdots \\ a_{n1} & a_{n2} & a_{n3} & \cdots & a_{nj} & \cdots & a_{nn} \end{pmatrix} \to \begin{pmatrix} a_{31} & a_{32} & a_{33} & \cdots & a_{3j} & \cdots & a_{3n} \\ a_{21} & a_{22} & a_{23} & \cdots & a_{2j} & \cdots & a_{2n} \\ a_{11} & a_{12} & a_{13} & \cdots & a_{1j} & \cdots & a_{1n} \\ \vdots & \vdots & \vdots & & \vdots & & \vdots \\ a_{i1} & a_{i2} & a_{i3} & \cdots & a_{ij} & \cdots & a_{in} \\ \vdots & \vdots & \vdots & & \vdots & & \vdots \\ a_{n1} & a_{n2} & a_{n3} & \cdots & a_{nj} & \cdots & a_{nn} \end{pmatrix}$$

となるが、ここで、最初の行列の1行目の要素で余因子展開することを考えてみよう。このとき a_{11} の余因子に対応した行列は

$$\begin{pmatrix} a_{22} & a_{23} & \cdots & a_{2j} & \cdots & a_{2n} \\ a_{32} & a_{33} & \cdots & a_{3j} & \cdots & a_{3n} \\ \vdots & \vdots & \ddots & & & \vdots \\ a_{i2} & a_{i3} & & a_{ij} & & a_{in} \\ \vdots & \vdots & & & \ddots & \vdots \\ a_{n2} & a_{n3} & \cdots & a_{nj} & \cdots & a_{nn} \end{pmatrix}$$

で与えられる。つぎに、入れかえ後の行列の 3 行目の要素で余因子展開する。この時、符号はそのままである。しかし、a_{11} の余因子に対応した行列

$$\begin{pmatrix} a_{32} & a_{33} & \cdots & a_{3j} & \cdots & a_{3n} \\ a_{22} & a_{23} & \cdots & a_{2j} & \cdots & a_{2n} \\ \vdots & \vdots & \ddots & & & \vdots \\ a_{i2} & a_{i3} & & a_{ij} & & a_{in} \\ \vdots & \vdots & & & \ddots & \vdots \\ a_{n2} & a_{n3} & \cdots & a_{nj} & \cdots & a_{nn} \end{pmatrix}$$

となって、ちょうど上の行列の 1 行目と 2 行目が入れかわっている。すでに、となりどうしの行が入れかわった行列式の符号は反転することは示した。よって、ひとつおいた行どうしを入れかえた場合にも符号が反転することが分かる。

　あとは、同様にして符号と行列式がどのように変化するかを見ればよいのであるが、ついでに、2 つおいた行どうしが入れかわる場合について考えてみよう。この場合は、符号が反転する。一方、余因子に対応した行列の中では、3 つの行が入れかわっている。これは、別な視点でみると、行の入れかえを 2 度行ったことに対応する。1 度の入れかえでは符号が反転するが、もう 1 度入れかえると符号はもとに戻る。

　以下同様にして、どの場所であっても、2 つの行が入れかわると符号は必ず反転することになる。

第3章　行列式

演習 3-4　行の入れかえで、行列式の符号が反転することを利用して、同じ行が 2 つある場合に、行列式の値が 0 となることを証明せよ。

解） n 次正方行列で示してもよいが、基本的な考えはまったく同じであるので、3 次正方行列で示す。

$$\begin{pmatrix} a_{11} & a_{12} & a_{13} \\ a_{21} & a_{22} & a_{23} \\ a_{31} & a_{32} & a_{33} \end{pmatrix}$$

この行列の 1 行と 3 行を入れかえると行列式は

$$\begin{vmatrix} a_{11} & a_{12} & a_{13} \\ a_{21} & a_{22} & a_{23} \\ a_{31} & a_{32} & a_{33} \end{vmatrix} = -\begin{vmatrix} a_{31} & a_{32} & a_{33} \\ a_{21} & a_{22} & a_{23} \\ a_{11} & a_{12} & a_{13} \end{vmatrix}$$

という関係にある。ここで、1 行と 3 行が同じ行列式を考える。すると行の入れかえによって

$$\begin{vmatrix} a_{11} & a_{12} & a_{13} \\ a_{21} & a_{22} & a_{23} \\ a_{11} & a_{12} & a_{13} \end{vmatrix} = -\begin{vmatrix} a_{11} & a_{12} & a_{13} \\ a_{21} & a_{22} & a_{23} \\ a_{11} & a_{12} & a_{13} \end{vmatrix}$$

という関係が得られるが、これはまったく同じ行列式である。よってこの関係が成立するのは

$$\begin{vmatrix} a_{11} & a_{12} & a_{13} \\ a_{21} & a_{22} & a_{23} \\ a_{11} & a_{12} & a_{13} \end{vmatrix} = 0$$

のときに限られる。つまり、同じ行（あるいは列）を有する行列の行列式

はすべて0となる。この考えは、3次行列式だけではなく、一般のn次行列式にあてはまることは同様の手法で証明することができる。

3.3.5. 行列式における行および列基本変形

行列式においても、係数行列（および拡大係数行列）で行った行基本変形と同様の変換が可能であり、より計算しやすいかたちに変形することができる。しかも、行列式では、列にも同様の基本変形を行うことができる。ただし、係数行列の場合とは違う点もあるので注意する必要がある。

まず、行列式においては、他の行の実数倍をある行に加えても、その値が変わらない。

これを3次行列式で考えてみよう。2行目に3行目のk倍した要素を足した行列の行列式は

$$\begin{vmatrix} a_{11} & a_{12} & a_{13} \\ a_{21}+ka_{31} & a_{22}+ka_{32} & a_{23}+ka_{33} \\ a_{31} & a_{32} & a_{33} \end{vmatrix} = \begin{vmatrix} a_{11} & a_{12} & a_{13} \\ a_{21} & a_{22} & a_{23} \\ a_{31} & a_{32} & a_{33} \end{vmatrix} + k\begin{vmatrix} a_{11} & a_{12} & a_{13} \\ a_{31} & a_{32} & a_{33} \\ a_{31} & a_{32} & a_{33} \end{vmatrix}$$

と変形できる。ここで、右辺の2項目の行列式は、2つの行がまったく同じであるから、その値は0である。よって

$$\begin{vmatrix} a_{11} & a_{12} & a_{13} \\ a_{21}+ka_{31} & a_{22}+ka_{32} & a_{23}+ka_{33} \\ a_{31} & a_{32} & a_{33} \end{vmatrix} = \begin{vmatrix} a_{11} & a_{12} & a_{13} \\ a_{21} & a_{22} & a_{23} \\ a_{31} & a_{32} & a_{33} \end{vmatrix}$$

となって、他の行の実数倍を別の行に加えても、行列式の値は変わらない。もちろん、列の場合にも成立する。

また、この行変形操作によって行列式の値が変わらないという法則は、すべてのn次行列式で成立することも明らかである。

さて、係数行列においては、各行の定数倍の足し算、引き算を自由に行っても等価な変換であったが、行列式では事情が異なる。例えば

$$\begin{vmatrix} a_{11} & a_{12} & a_{13} \\ ma_{21}+na_{31} & ma_{22}+na_{32} & ma_{23}+na_{33} \\ a_{31} & a_{32} & a_{33} \end{vmatrix} = m\begin{vmatrix} a_{11} & a_{12} & a_{13} \\ a_{21} & a_{22} & a_{23} \\ a_{31} & a_{32} & a_{33} \end{vmatrix} + n\begin{vmatrix} a_{11} & a_{12} & a_{13} \\ a_{31} & a_{32} & a_{33} \\ a_{31} & a_{32} & a_{33} \end{vmatrix}$$

$$= m\begin{vmatrix} a_{11} & a_{12} & a_{13} \\ a_{21} & a_{22} & a_{23} \\ a_{31} & a_{32} & a_{33} \end{vmatrix}$$

となるから、行基本変形で、ある行を m 倍すると、行列式の値も m 倍されることになる。この点に注意する必要がある。

また、係数行列では、列どうしの変換はタブーであったが、行列式では行基本変形を列にもそのまま適用することができる。これが大きな相違点である。

それでは、どのような行列に変形すれば、行列式の計算が楽になるのであろうか。まず対角行列 (diagonal matrix) について見てみよう。もし、行列が行基本変形 (elementary row operations) を経て

$$\begin{pmatrix} a_{11} & 0 & \cdots & 0 & \cdots & 0 \\ 0 & a_{22} & \cdots & 0 & \cdots & 0 \\ \vdots & \vdots & \ddots & & & \vdots \\ 0 & 0 & & a_{ii} & & 0 \\ \vdots & \vdots & & & \ddots & \vdots \\ 0 & 0 & \cdots & 0 & \cdots & a_{nn} \end{pmatrix}$$

のように、対角要素以外はすべて 0 のかたちに変形できたとする。このような行列を対角行列と呼んでいる。この行列の行列式は

$$\det\begin{pmatrix} a_{11} & 0 & \cdots & 0 & \cdots & 0 \\ 0 & a_{22} & \cdots & 0 & \cdots & 0 \\ \vdots & \vdots & \ddots & & & \vdots \\ 0 & 0 & & a_{ii} & & 0 \\ \vdots & \vdots & & & \ddots & \vdots \\ 0 & 0 & \cdots & 0 & \cdots & a_{nn} \end{pmatrix} = a_{11}a_{22}a_{33}...a_{ii}...a_{nn}$$

のように、対角要素の積となる。これは、要素積の取り出し方を思い起こせば、簡単に理解できる。つまり要素積は各行各列から重複のないように要素を選んで得られる n 個の要素の積であるが、この対角成分以外の要素積はすべて 0 を含むので、この要素積だけが残るのである。また、この要素積の符号は + である。

これならば、計算は簡単である。しかし、ここまで変形できなくとも、実は三角行列 (triangular matrix) まで変形できれば同じ結果が得られる。つまり

$$\det \begin{pmatrix} a_{11} & a_{12} & \cdots & a_{1i} & \cdots & a_{1n} \\ 0 & a_{22} & \cdots & a_{2i} & \cdots & a_{2n} \\ \vdots & \vdots & \ddots & & & \vdots \\ 0 & 0 & & a_{ii} & & a_{in} \\ \vdots & \vdots & & & \ddots & \vdots \\ 0 & 0 & \cdots & 0 & \cdots & a_{nn} \end{pmatrix} = a_{11} a_{22} a_{33} ... a_{ii} ... a_{nn}$$

のように、対角線の下半分の要素がすべて 0 の行列の行列式の値は対角要素の積となる。これを余因子展開で考えてみよう。

いま、この行列を1列目の成分で余因子展開する。すると a_{11} 以外の要素はすべて 0 であるから

$$\begin{vmatrix} a_{11} & a_{12} & \cdots & a_{1i} & \cdots & a_{1n} \\ 0 & a_{22} & \cdots & a_{2i} & \cdots & a_{2n} \\ \vdots & \vdots & \ddots & & & \vdots \\ 0 & 0 & & a_{ii} & & a_{in} \\ \vdots & \vdots & & & \ddots & \vdots \\ 0 & 0 & \cdots & 0 & \cdots & a_{nn} \end{vmatrix} = a_{11} \begin{vmatrix} a_{22} & a_{23} & \cdots & \cdots & a_{2n} \\ 0 & a_{33} & & & a_{3n} \\ 0 & 0 & \ddots & & \vdots \\ \vdots & \vdots & & \ddots & \vdots \\ 0 & 0 & \cdots & 0 & a_{nn} \end{vmatrix}$$

であり、展開といっても、要素が a_{11} の項しか残らない。同様に、この余因子を第1列で展開すると、再び残るのは a_{22} の項のみとなる。

$$a_{11}\begin{vmatrix} a_{22} & a_{23} & \cdots & \cdots & a_{2n} \\ 0 & a_{33} & & & a_{3n} \\ 0 & 0 & \ddots & & \vdots \\ \vdots & \vdots & & \ddots & \vdots \\ 0 & 0 & \cdots & 0 & a_{nn} \end{vmatrix} = a_{11}a_{22}\begin{vmatrix} a_{33} & a_{34} & \cdots & a_{3n} \\ 0 & a_{44} & \cdots & a_{4n} \\ \vdots & & \ddots & \vdots \\ 0 & \cdots & 0 & a_{nn} \end{vmatrix}$$

同様の操作を繰り返していけば、結局、残るのは対角要素の積である。

よって、対角行列をつくるのは大変であるから、三角行列をつくれば、簡単に行列式の値が求められることになる。

それでは、以上の知識をもとに実際に行列式を計算してみよう。

演習 3-5 つぎの行列の行列式を計算せよ。

$$\begin{pmatrix} 1 & 1 & 1 & 1 \\ 1 & a & 1 & 1 \\ 1 & 1 & b & 1 \\ 1 & 1 & 1 & c \end{pmatrix}$$

解) まずこの行列の行基本変形を行うと

$$\begin{pmatrix} 1 & 1 & 1 & 1 \\ 1 & a & 1 & 1 \\ 1 & 1 & b & 1 \\ 1 & 1 & 1 & c \end{pmatrix} \rightarrow \begin{pmatrix} 1 & 1 & 1 & 1 \\ 0 & a-1 & 0 & 0 \\ 0 & 0 & b-1 & 0 \\ 0 & 0 & 0 & c-1 \end{pmatrix} \begin{matrix} \\ r_2 - r_1 \\ r_3 - r_1 \\ r_4 - r_1 \end{matrix}$$

どのような行基本変形を行ったかは各行の右に書いてある。よって

$$\begin{vmatrix} 1 & 1 & 1 & 1 \\ 1 & a & 1 & 1 \\ 1 & 1 & b & 1 \\ 1 & 1 & 1 & c \end{vmatrix} = \begin{vmatrix} 1 & 1 & 1 & 1 \\ 0 & a-1 & 0 & 0 \\ 0 & 0 & b-1 & 0 \\ 0 & 0 & 0 & c-1 \end{vmatrix} = (a-1)(b-1)(c-1)$$

が解として得られる。

演習 3-6 つぎの行列の行列式の値を求めよ。

$$\begin{pmatrix} -2 & 1 & 0 & -1 \\ 3 & 0 & 1 & 2 \\ 1 & 4 & 2 & 0 \\ 2 & 1 & 1 & -3 \end{pmatrix}$$

解) 行基本変形を行うと

$$\begin{pmatrix} -2 & 1 & 0 & -1 \\ 3 & 0 & 1 & 2 \\ 1 & 4 & 2 & 0 \\ 2 & 1 & 1 & -3 \end{pmatrix} \rightarrow \begin{pmatrix} 1 & 4 & 2 & 0 \\ 3 & 0 & 1 & 2 \\ -2 & 1 & 0 & -1 \\ 2 & 1 & 1 & -3 \end{pmatrix} \rightarrow \begin{pmatrix} 1 & 4 & 2 & 0 \\ 0 & -12 & -5 & 2 \\ 0 & 9 & 4 & -1 \\ 0 & -7 & -3 & -3 \end{pmatrix} \begin{matrix} \\ r_2 - 3r_1 \\ r_3 + 2r_1 \\ r_4 - 2r_1 \end{matrix}$$

$$r_1 \leftrightarrow r_3$$

$$\rightarrow \begin{pmatrix} 1 & 4 & 2 & 0 \\ 0 & -12 & -5 & 2 \\ 0 & 0 & \dfrac{1}{4} & \dfrac{1}{2} \\ 0 & 0 & -\dfrac{1}{12} & -\dfrac{25}{6} \end{pmatrix} \begin{matrix} \\ \\ r_3 + \dfrac{3}{4}r_2 \\ r_4 - \dfrac{7}{12}r_2 \end{matrix} \rightarrow \begin{pmatrix} 1 & 4 & 2 & 0 \\ 0 & -12 & -5 & 2 \\ 0 & 0 & \dfrac{1}{4} & \dfrac{1}{2} \\ 0 & 0 & 0 & -4 \end{pmatrix} \begin{matrix} \\ \\ \\ r_4 + \dfrac{1}{3}r_3 \end{matrix}$$

ここで最初に行の入れかえを一度行っているので、負の符号がついて

$$\begin{vmatrix} -2 & 1 & 0 & -1 \\ 3 & 0 & 1 & 2 \\ 1 & 4 & 2 & 0 \\ 2 & 1 & 1 & -3 \end{vmatrix} = - \begin{vmatrix} 1 & 4 & 2 & 0 \\ 0 & -12 & -5 & 2 \\ 0 & 0 & \dfrac{1}{4} & \dfrac{1}{2} \\ 0 & 0 & 0 & -4 \end{vmatrix} = -1 \times (-12) \times \dfrac{1}{4} \times (-4) = -12$$

となる。

第3章　行列式

　以上の手法を駆使すれば、多元連立 1 次方程式の解を求めることができる。ここで行列式を利用して方程式を解法する手順をまとめると、

　1　クラメールの公式をつかって、解を与える行列式をつくる。
　2　適当な行および列基本変形の手法を用いて、三角行列に変形する。
　3　対角要素の要素積から行列式の値を計算する。
　4　行列式の値をクラメールの公式に代入する。

ただし、これら作業は結構手間がかかることを覚悟しておかなければならない。実際には、コンピュータの数値計算ですぐに答が出る仕組みになっている。
　以上をもって、連立1次方程式の解法という線形代数の基本に関しては、すべてその技法を習得したことになる。
　ただし、冒頭で紹介した方程式解法のすべての鍵を握っているクラメールの公式については、それが成立するものとして話を展開してきた。そこで最後にクラメールの公式の導出を行う。

3.4.　クラメールの公式の導出

　実は、クラメールの公式の導出を最後に持ってきたのは、行列式がもつ性質、つまり行あるいは列基本変形の手法を使うことで、その証明が可能になるからである。
　それでは、3 元連立 1 次方程式で考えてみよう。

$$\begin{cases} a_{11}x_1 + a_{12}x_2 + a_{13}x_3 = b_1 \\ a_{21}x_1 + a_{22}x_2 + a_{23}x_3 = b_2 \\ a_{31}x_1 + a_{32}x_2 + a_{33}x_3 = b_3 \end{cases}$$

この係数行列は

$$\begin{pmatrix} a_{11} & a_{12} & a_{13} \\ a_{21} & a_{22} & a_{23} \\ a_{31} & a_{32} & a_{33} \end{pmatrix}$$

である。この行列式は

$$\begin{vmatrix} a_{11} & a_{12} & a_{13} \\ a_{21} & a_{22} & a_{23} \\ a_{31} & a_{32} & a_{33} \end{vmatrix}$$

であるが、いまここで行列式の第 1 列めに x_1 を乗じてみよう。行列式の性質ですでに学んだように、この場合、最初の行列式の値は x_1 倍される。よって

$$\begin{vmatrix} a_{11}x_1 & a_{12} & a_{13} \\ a_{21}x_1 & a_{22} & a_{23} \\ a_{31}x_1 & a_{32} & a_{33} \end{vmatrix} = x_1 \begin{vmatrix} a_{11} & a_{12} & a_{13} \\ a_{21} & a_{22} & a_{23} \\ a_{31} & a_{32} & a_{33} \end{vmatrix}$$

という関係が得られる。ここで最初の方程式をみると

$$\begin{cases} a_{11}x_1 = b_1 - a_{12}x_2 - a_{13}x_3 \\ a_{21}x_1 = b_2 - a_{22}x_2 - a_{23}x_3 \\ a_{31}x_1 = b_3 - a_{32}x_2 - a_{33}x_3 \end{cases}$$

という関係にあるので、行列式に代入すると

$$\begin{vmatrix} a_{11}x_1 & a_{12} & a_{13} \\ a_{21}x_1 & a_{22} & a_{23} \\ a_{31}x_1 & a_{32} & a_{33} \end{vmatrix} = \begin{vmatrix} b_1 - a_{12}x_2 - a_{13}x_3 & a_{12} & a_{13} \\ b_2 - a_{22}x_2 - a_{23}x_3 & a_{22} & a_{23} \\ b_3 - a_{32}x_2 - a_{33}x_3 & a_{32} & a_{33} \end{vmatrix}$$

この右辺の行列式を分解すると

$$\begin{vmatrix} b_1 - a_{12}x_2 - a_{13}x_3 & a_{12} & a_{13} \\ b_2 - a_{22}x_2 - a_{23}x_3 & a_{22} & a_{23} \\ b_3 - a_{32}x_2 - a_{33}x_3 & a_{32} & a_{33} \end{vmatrix}$$

$$= \begin{vmatrix} b_1 & a_{12} & a_{13} \\ b_2 & a_{22} & a_{23} \\ b_3 & a_{32} & a_{33} \end{vmatrix} - x_2 \begin{vmatrix} a_{12} & a_{12} & a_{13} \\ a_{22} & a_{22} & a_{23} \\ a_{32} & a_{32} & a_{33} \end{vmatrix} - x_3 \begin{vmatrix} a_{13} & a_{12} & a_{13} \\ a_{23} & a_{22} & a_{23} \\ a_{33} & a_{32} & a_{33} \end{vmatrix}$$

このとき、後ろの2つの行列式には、まったく同じ列が2つあるので、行列式の値は0である。結局

$$x_1 \begin{vmatrix} a_{11} & a_{12} & a_{13} \\ a_{21} & a_{22} & a_{23} \\ a_{31} & a_{32} & a_{33} \end{vmatrix} = \begin{vmatrix} b_1 & a_{12} & a_{13} \\ b_2 & a_{22} & a_{23} \\ b_3 & a_{32} & a_{33} \end{vmatrix}$$

という関係が成立することが分かる。よって

$$x_1 = \frac{\begin{vmatrix} b_1 & a_{12} & a_{13} \\ b_2 & a_{22} & a_{23} \\ b_3 & a_{32} & a_{33} \end{vmatrix}}{\begin{vmatrix} a_{11} & a_{12} & a_{13} \\ a_{21} & a_{22} & a_{23} \\ a_{31} & a_{32} & a_{33} \end{vmatrix}}$$

によって x_1 の解が与えられる。まったく同じ要領で、x_2 と x_3 も求めることができる。これが、クラメールの公式が成立するトリックである。この導出方法は、簡単に n 次行列にも適用できることが分かるであろう。

3.5. まとめ —— 5元連立1次方程式の解法

最後にまとめとして、行列式を利用した連立1次方程式の解法を行ってみよう。

$$\begin{cases} x_1 + 2x_2 + 2x_3 + x_4 + 4x_5 = 3 \\ 3x_1 + 4x_3 + 2x_4 + 5x_5 = 4 \\ 2x_1 + 3x_2 + 4x_3 + x_5 = 3 \\ 2x_1 + 3x_2 + 4x_3 + 3x_4 + 6x_5 = 10 \\ 4x_1 + x_2 + 6x_3 + 2x_4 + 7x_5 = 3 \end{cases}$$

これを行列とベクトルで整理すると

$$\begin{pmatrix} 1 & 2 & 2 & 1 & 4 \\ 3 & 0 & 4 & 2 & 5 \\ 2 & 3 & 4 & 0 & 1 \\ 2 & 3 & 4 & 3 & 6 \\ 4 & 1 & 6 & 2 & 7 \end{pmatrix} \begin{pmatrix} x_1 \\ x_2 \\ x_3 \\ x_4 \\ x_5 \end{pmatrix} = \begin{pmatrix} 3 \\ 4 \\ 3 \\ 10 \\ 3 \end{pmatrix}$$

と書くことができる。係数行列の行列式は

$$\begin{vmatrix} 1 & 2 & 2 & 1 & 4 \\ 3 & 0 & 4 & 2 & 5 \\ 2 & 3 & 4 & 0 & 1 \\ 2 & 3 & 4 & 3 & 6 \\ 4 & 1 & 6 & 2 & 7 \end{vmatrix}$$

となる。これに行および列基本変形を施していって値を求めてみよう。

$$\begin{vmatrix} 1 & 2 & 2 & 1 & 4 \\ 3 & 0 & 4 & 2 & 5 \\ 2 & 3 & 4 & 0 & 1 \\ 2 & 3 & 4 & 3 & 6 \\ 4 & 1 & 6 & 2 & 7 \end{vmatrix} = \begin{vmatrix} 1 & 2 & 2 & 1 & 4 \\ 0 & -6 & -2 & -1 & -7 \\ 0 & -1 & 0 & -2 & -7 \\ 0 & -1 & 0 & 1 & -2 \\ 0 & -7 & -2 & -2 & -9 \end{vmatrix} = \begin{vmatrix} 1 & 2 & 2 & 1 & 4 \\ 0 & -6 & -2 & -1 & -7 \\ 0 & -1 & 0 & -2 & -7 \\ 0 & -1 & 0 & 1 & -2 \\ 0 & -1 & 0 & -1 & -2 \end{vmatrix}$$

ここで、1行の定数倍を各行から引いて、第1列目の2行以降の要素をすべ

て0にする操作を行った。さらに5行から2行を引いている。この操作で行列式の値は変わらない。

$$\begin{vmatrix} 1 & 2 & 2 & 1 & 4 \\ 0 & -6 & -2 & -1 & -7 \\ 0 & -1 & 0 & -2 & -7 \\ 0 & -1 & 0 & 1 & -2 \\ 0 & -1 & 0 & -1 & -2 \end{vmatrix} = \begin{vmatrix} 1 & 0 & 2 & -1 & 0 \\ 0 & -6 & -2 & -1 & -7 \\ 0 & 0 & 0 & -1 & -5 \\ 0 & 0 & 0 & 2 & 0 \\ 0 & -1 & 0 & -1 & -2 \end{vmatrix} = -\begin{vmatrix} 1 & 0 & 2 & -1 & 0 \\ 0 & 1 & 0 & 1 & 2 \\ 0 & 0 & 0 & -1 & -5 \\ 0 & 0 & 0 & 2 & 0 \\ 0 & 6 & 2 & 1 & 7 \end{vmatrix}$$

つぎに、1行に5行の2倍を足し 3,4行から5行を引いて、さらに2行と5行を入れかえをした後で、2,5行に(−1)をかけた。

$$-\begin{vmatrix} 1 & 0 & 2 & -1 & 0 \\ 0 & 1 & 0 & 1 & 2 \\ 0 & 0 & 0 & -1 & -5 \\ 0 & 0 & 0 & 2 & 0 \\ 0 & 6 & 2 & 1 & 7 \end{vmatrix} = -\begin{vmatrix} 1 & 0 & 2 & -1 & 0 \\ 0 & 1 & 0 & 1 & 2 \\ 0 & 0 & 0 & -1 & -5 \\ 0 & 0 & 0 & 2 & 0 \\ 0 & 0 & 2 & -5 & -5 \end{vmatrix} = \begin{vmatrix} 1 & 0 & 2 & -1 & 0 \\ 0 & 1 & 0 & 1 & 2 \\ 0 & 0 & 2 & -5 & -5 \\ 0 & 0 & 0 & 2 & 0 \\ 0 & 0 & 0 & 0 & -5 \end{vmatrix} = -20$$

5行から2行の6倍を引き、3行と5行を入れかえ、さらに5行に4行の(1/2)倍を足すと、3角行列となり、行列式の値は−20となる。これで、係数行列の行列式の値が得られた。つぎに、解を求めるために x_1 の係数を定数項に変えた行列式の値を求めてみよう。

$$\begin{vmatrix} 3 & 2 & 2 & 1 & 4 \\ 4 & 0 & 4 & 2 & 5 \\ 3 & 3 & 4 & 0 & 1 \\ 10 & 3 & 4 & 3 & 6 \\ 3 & 1 & 6 & 2 & 7 \end{vmatrix} = -\begin{vmatrix} 1 & 2 & 2 & 3 & 4 \\ 2 & 0 & 4 & 4 & 5 \\ 0 & 3 & 4 & 3 & 1 \\ 3 & 3 & 4 & 10 & 6 \\ 2 & 1 & 6 & 3 & 7 \end{vmatrix} = -\begin{vmatrix} 1 & 2 & 2 & 3 & 4 \\ 2 & 0 & 4 & 4 & 5 \\ 0 & 3 & 4 & 3 & 1 \\ 3 & 0 & 0 & 7 & 5 \\ 0 & 1 & 2 & -1 & 2 \end{vmatrix}$$

1列と4列を入れかえた後で、5行から2行を、4行から3行を引いた。

$$-\begin{vmatrix} 1 & 2 & 2 & 3 & 4 \\ 2 & 0 & 4 & 4 & 5 \\ 0 & 3 & 4 & 3 & 1 \\ 3 & 0 & 0 & 7 & 5 \\ 0 & 1 & 2 & -1 & 2 \end{vmatrix} = -\begin{vmatrix} 1 & 0 & -2 & 5 & 0 \\ 2 & 0 & 4 & 4 & 5 \\ 0 & 0 & -2 & 6 & -5 \\ 3 & 0 & 0 & 7 & 5 \\ 0 & 1 & 2 & -1 & 2 \end{vmatrix} = \begin{vmatrix} 1 & 0 & -2 & 5 & 0 \\ 0 & 1 & 2 & -1 & 2 \\ 0 & 0 & -2 & 6 & -5 \\ 3 & 0 & 0 & 7 & 5 \\ 2 & 0 & 4 & 4 & 5 \end{vmatrix}$$

1行から5行の2倍を引いて、3行から5行の3倍を引いて2行と5行を入れかえた。

$$\begin{vmatrix} 1 & 0 & -2 & 5 & 0 \\ 0 & 1 & 2 & -1 & 2 \\ 0 & 0 & -2 & 6 & -5 \\ 3 & 0 & 0 & 7 & 5 \\ 2 & 0 & 4 & 4 & 5 \end{vmatrix} = \begin{vmatrix} 1 & 0 & -2 & 5 & 0 \\ 0 & 1 & 2 & -1 & 2 \\ 0 & 0 & -2 & 6 & -5 \\ 0 & 0 & 6 & -8 & 5 \\ 0 & 0 & 8 & -6 & 5 \end{vmatrix} = \begin{vmatrix} 1 & 0 & -2 & 5 & 0 \\ 0 & 1 & 0 & 1 & 2 \\ 0 & 0 & 3 & 1 & -5 \\ 0 & 0 & 1 & -3 & 5 \\ 0 & 0 & 3 & -1 & 5 \end{vmatrix}$$

4行から1行の3倍、5行から1行の2倍を引いたあとで、3列から5列を引き、4列に5列を足した。

$$\begin{vmatrix} 1 & 0 & -2 & 5 & 0 \\ 0 & 1 & 0 & 1 & 2 \\ 0 & 0 & 3 & 1 & -5 \\ 0 & 0 & 1 & -3 & 5 \\ 0 & 0 & 3 & -1 & 5 \end{vmatrix} = \begin{vmatrix} 1 & 0 & 0 & -1 & 10 \\ 0 & 1 & 0 & 1 & 2 \\ 0 & 0 & 3 & 1 & -5 \\ 0 & 0 & 1 & -3 & 5 \\ 0 & 0 & 0 & -2 & 10 \end{vmatrix} = \begin{vmatrix} 1 & 0 & 0 & -1 & 10 \\ 0 & 1 & 0 & 1 & 2 \\ 0 & 0 & 3 & 1 & -5 \\ 0 & 0 & 0 & -10/3 & 20/3 \\ 0 & 0 & 0 & -2 & 10 \end{vmatrix}$$

5行から3行を引き、1行に4行の2倍を足したあとで、4行から3行の(1/3)倍をひく。

$$\begin{vmatrix} 1 & 0 & 0 & -1 & 10 \\ 0 & 1 & 0 & 1 & 2 \\ 0 & 0 & 3 & 1 & -5 \\ 0 & 0 & 0 & -10/3 & 20/3 \\ 0 & 0 & 0 & -2 & 10 \end{vmatrix} = \begin{vmatrix} 1 & 0 & 0 & -1 & 10 \\ 0 & 1 & 0 & 1 & 2 \\ 0 & 0 & 3 & 1 & -5 \\ 0 & 0 & 0 & -10/3 & 20/3 \\ 0 & 0 & 0 & 0 & 6 \end{vmatrix} = 3 \times \left(-\frac{10}{3}\right) \times 6 = -60$$

最後に、5 行から 4 行の（3／5）倍を引いた。

こうすると分子の値も求められる。結局、x_1 の値は

$$x_1 = \begin{vmatrix} 3 & 2 & 2 & 1 & 4 \\ 4 & 0 & 4 & 2 & 5 \\ 3 & 3 & 4 & 0 & 1 \\ 10 & 3 & 4 & 3 & 6 \\ 3 & 1 & 6 & 2 & 7 \end{vmatrix} \Bigg/ \begin{vmatrix} 1 & 2 & 2 & 1 & 4 \\ 3 & 0 & 4 & 2 & 5 \\ 2 & 3 & 4 & 0 & 1 \\ 2 & 3 & 4 & 3 & 6 \\ 4 & 1 & 6 & 2 & 7 \end{vmatrix} = \frac{-60}{-20} = 3$$

となる。他の解も同様に得られる。

このように手計算を進めると、行列式の方が行列を使った手法よりも大変そうに感じるが、行列式がすぐれているのは、いったんコンピュータに入力すれば、クラメールの公式に従って計算すると、答が簡単に得られる点である。

第4章　行列とベクトル

　さて、いままで多元連立 1 次方程式を解法するという目的で、行列とベクトル、あるいは行列式を学んできた。しかし、数学の抽象性により、これら概念は大きく飛躍して、いろいろな分野へ波及している。序章で紹介した量子力学 (quantum mechanics) の建設はその代表である。

　2つ以上の変数を扱う場合に、これら手法が有効に使えることを考えれば、その利用価値が非常に高いことは容易に想像できよう。(ただし、不必要な場面で登場することも無きにしも非ずであるが。) 本書で、すべての応用分野を紹介することはできないが、まず基礎となる線形空間 (linear space) における 1 次変換 (linear transformation) について紹介した後で、行列が有する面白い性質についても紹介する。

4.1.　線形空間

　第 1 章のベクトルで紹介したように、2 次元平面は線形独立な 2 個のベクトル $\vec{a}, \vec{b}$ を使えば、その 1 次結合 (あるいは線形結合 : linear combination)ですべての平面を張ることができる。これは任意のベクトル $\vec{x}$ は

$$\vec{x} = m\vec{a} + n\vec{b}$$

で表されることを示している。ただし、m, n は任意の実数である。
　この考えは 3 次元空間にすぐに拡張できて、3 個の線形独立なベクトルを使うと、3 次元空間における任意のベクトルは

$$\vec{x} = k\vec{a} + m\vec{b} + n\vec{c}$$

の線形結合で表されることになる。ここで、k, m, n は任意の実数である。このような空間を線形空間あるいはベクトル空間と呼んでいる。

　さて、これら空間を張るベクトルは、互いに線形独立なベクトルであればなんでもよいが、より効率よく、あるいは、より分かりやすくするためには、互いに直交 (orthogonal) しており、その長さも単位長さ (unit length)、つまり 1 である方が都合がよい。実際に、これら線形空間の基本ベクトル (basic vector)（あるいは単位ベクトル (unit vector)、基底ベクトル (vector basis) などとも呼ぶ）は、3 次元空間を例にとれば

$$\vec{e}_x = \begin{pmatrix} 1 \\ 0 \\ 0 \end{pmatrix} \quad \vec{e}_y = \begin{pmatrix} 0 \\ 1 \\ 0 \end{pmatrix} \quad \vec{e}_z = \begin{pmatrix} 0 \\ 0 \\ 1 \end{pmatrix}$$

で与えられる。すべての 3 次元空間の位置ベクトルは、これら 3 個の基本ベクトルの線形結合として表すことができる。例えば

$$\begin{pmatrix} 5 \\ -4 \\ 8 \end{pmatrix} = \begin{pmatrix} 5 \\ 0 \\ 0 \end{pmatrix} + \begin{pmatrix} 0 \\ -4 \\ 0 \end{pmatrix} + \begin{pmatrix} 0 \\ 0 \\ 8 \end{pmatrix} = 5\begin{pmatrix} 1 \\ 0 \\ 0 \end{pmatrix} - 4\begin{pmatrix} 0 \\ 1 \\ 0 \end{pmatrix} + 8\begin{pmatrix} 0 \\ 0 \\ 1 \end{pmatrix} = 5\vec{e}_x - 4\vec{e}_y + 8\vec{e}_z$$

のように、3 次元ベクトルの表現ができる。より一般には

$$\begin{pmatrix} a \\ b \\ c \end{pmatrix} = a\vec{e}_x + b\vec{e}_y + c\vec{e}_z$$

と書くことができる。

　我々が住んでいる世界は 3 次元であり、すべての物理現象は 3 次元空間で生じることから、多くの物理量は 3 次元ベクトルで表される。これが、物理法則においてベクトルが大活躍する理由である。

　ところで、4 次元空間はどうであろうか。昔の SF (science fiction) ではよく 4 次元の世界が登場するが、実は物理の世界でも 4 次元空間は考えられる。それは、x, y, z という空間 (space) を表す変数に、時間 t を変数とし

て加えたものである。このような空間を時空 (space-time) と呼んでいるが、あえて図示するとすれば、時間ごとに（異なる t に対応した）3 次元空間を 1 個 1 個描いていくしかない。

しかし、これをベクトルを使って数学的に表示しようと思えば、それほど難しくはない。例えば、時間 t_1 に (x_1, y_1, z_1) に居た物体が、時間 t_2 には (x_2, y_2, z_2) に移動したという現象は

$$\begin{pmatrix} x_1 \\ y_1 \\ z_1 \\ t_1 \end{pmatrix} \rightarrow \begin{pmatrix} x_2 \\ y_2 \\ z_2 \\ t_2 \end{pmatrix}$$

と表記することができる。さらに、ベクトル演算に関しては、ベクトル積を除いて、すべての法則をそのまま 4 次元ベクトルにも使うことができる。よって、図示することはできないが、かりに 4 次元ベクトルによって張られている空間があるとすれば、それは線形空間である。

すでに、第 1 章でも紹介したように、同様の拡張はどんどん進めることができ、n 次元ベクトル (n dimensional vector) によって張られている空間も、ベクトルの演算のルールをそのまま援用すれば、n 次元線形空間 (n dimensional linear space) と定義することができる。そして、その全空間を網羅するためには、n 個の基本ベクトルが必要となるが、最も簡単であるのは、成分が 1 のつぎのベクトルである。

$$\begin{pmatrix} 1 \\ 0 \\ 0 \\ \vdots \\ 0 \end{pmatrix} \begin{pmatrix} 0 \\ 1 \\ 0 \\ \vdots \\ 0 \end{pmatrix} \begin{pmatrix} 0 \\ 0 \\ 1 \\ \vdots \\ 0 \end{pmatrix} \quad \cdots \quad \left. \begin{pmatrix} 0 \\ 0 \\ 0 \\ \vdots \\ 1 \end{pmatrix} \right\} n$$

これらベクトルの線形結合で、n 次元空間のすべてのベクトルを表示できることになる。これらは、標準基底ベクトル (orthonormal basis; normalized orthogonal basis) と呼ばれる。

しかし、原理的にこのような拡張が可能であるとしても、このままでは、この拡張にいったい何の意味があるかと思ってしまう。利用価値がないのであれば、いたずらにベクトルの項数を増やす意味がない。

これは、後ほど示すように、ベクトルと関数の密接な対応関係を明らかにしたときに重要となる概念である。(ただし、圧倒的に役に立つのは 2 次元と 3 次元空間ではあるが。)

4. 2. 行列と 1 次変換

いま、(x, y) という 2 次元ベクトルを考える。このベクトルに、つぎの行列をかけてみよう。すると

$$\begin{pmatrix} a & b \\ c & d \end{pmatrix} \begin{pmatrix} x \\ y \end{pmatrix} = \begin{pmatrix} ax + by \\ cx + dy \end{pmatrix}$$

となって、あらたな 2 次元ベクトルができる。つまり、ベクトルに行列を作用させると、別なベクトルに変わることになる。具体的に数値を代入してみると

$$\begin{pmatrix} 2 & 1 \\ 3 & 1 \end{pmatrix} \begin{pmatrix} 1 \\ 2 \end{pmatrix} = \begin{pmatrix} 2 \times 1 + 1 \times 2 \\ 3 \times 1 + 1 \times 2 \end{pmatrix} = \begin{pmatrix} 4 \\ 5 \end{pmatrix}$$

のように、$(1, 2)$ というベクトルは、この行列の作用で、図 4-1 に示すようにベクトル $(4, 5)$ に変換されたことになる。このとき、あたらしいベクトルの成分は、もとのベクトルの成分の線形結合 (あるいは 1 次結合) となっているので、このような変換を 1 次変換あるいは線形変換 (linear transformation) と呼んでいる。

たとえば、あるベクトル(x, y) を位置ベクトルとみなして、これが y 軸にそって対称な位置へ移動すると、$(-x, y)$ となるが、この変換は

$$\begin{pmatrix} -1 & 0 \\ 0 & 1 \end{pmatrix} \begin{pmatrix} x \\ y \end{pmatrix} = \begin{pmatrix} -x \\ y \end{pmatrix}$$

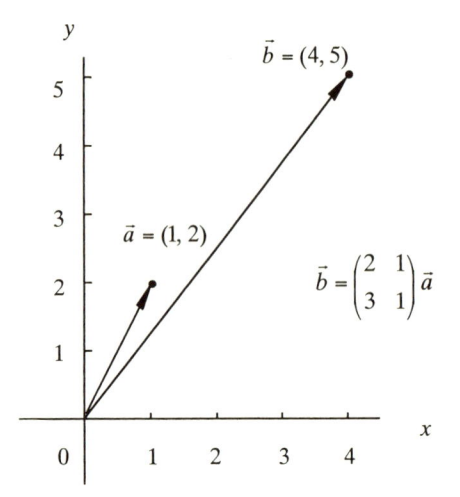

図 4-1 ベクトルに行列を作用させると、別のベクトルに変換される。2次元平面内の2次元ベクトルは、同じ平面（同じ線形空間）内の別のベクトルに変換されるので、線形変換と呼んでいる。

と書くことができる。

ここで、ベクトルを角 θ だけ回転させる変換を考えてみよう。もとのベクトルを

$$\begin{pmatrix} x \\ y \end{pmatrix} = \begin{pmatrix} r\cos\alpha \\ r\sin\alpha \end{pmatrix}$$

とすると、回転してできるベクトルは

$$\begin{pmatrix} x' \\ y' \end{pmatrix} = \begin{pmatrix} r\cos(\alpha+\theta) \\ r\sin(\alpha+\theta) \end{pmatrix}$$

となる（図 4-2 参照）。三角関数の加法定理 (additional theorem) をつかって、これを展開すると

$$\begin{pmatrix} x' \\ y' \end{pmatrix} = \begin{pmatrix} r\cos\alpha\cos\theta - r\sin\alpha\sin\theta \\ r\sin\alpha\cos\theta + r\cos\alpha\sin\theta \end{pmatrix} = \begin{pmatrix} x\cos\theta - y\sin\theta \\ x\sin\theta + y\cos\theta \end{pmatrix}$$

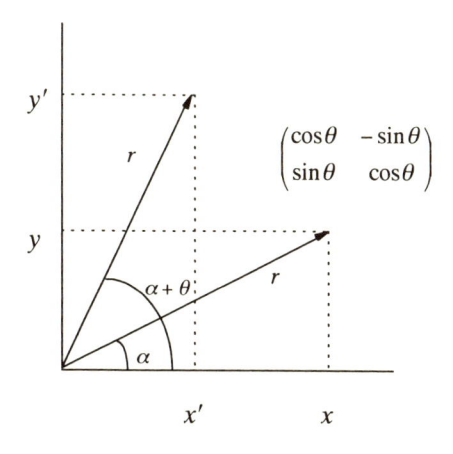

図 4-2 ベクトルの回転も線形変換であり、行列で表現することができる。この行列を回転行列と呼ぶ。

と変形できる。これを行列表現になおすと

$$\begin{pmatrix} x' \\ y' \end{pmatrix} = \begin{pmatrix} \cos\theta & -\sin\theta \\ \sin\theta & \cos\theta \end{pmatrix} \begin{pmatrix} x \\ y \end{pmatrix}$$

となって、これが回転に対応した行列となる。

ここで、具体例で考えてみよう。いま角度を 60°（π/3 ラジアン）だけ回転する行列 (rotation matrix) は

$$\begin{pmatrix} \cos\dfrac{\pi}{3} & -\sin\dfrac{\pi}{3} \\ \sin\dfrac{\pi}{3} & \cos\dfrac{\pi}{3} \end{pmatrix} = \begin{pmatrix} \dfrac{1}{2} & -\dfrac{\sqrt{3}}{2} \\ \dfrac{\sqrt{3}}{2} & \dfrac{1}{2} \end{pmatrix}$$

で与えられる。よって

$$\begin{pmatrix} x' \\ y' \end{pmatrix} = \begin{pmatrix} \dfrac{1}{2} & -\dfrac{\sqrt{3}}{2} \\ \dfrac{\sqrt{3}}{2} & \dfrac{1}{2} \end{pmatrix} \begin{pmatrix} x \\ y \end{pmatrix} = \begin{pmatrix} \dfrac{1}{2}x - \dfrac{\sqrt{3}}{2}y \\ \dfrac{\sqrt{3}}{2}x + \dfrac{1}{2}y \end{pmatrix}$$

と与えられる。ためしに$(1, 0)$ という単位ベクトル (unit vector) にこれを作用させると

$$\begin{pmatrix} \dfrac{1}{2} & -\dfrac{\sqrt{3}}{2} \\ \dfrac{\sqrt{3}}{2} & \dfrac{1}{2} \end{pmatrix} \begin{pmatrix} 1 \\ 0 \end{pmatrix} = \begin{pmatrix} \dfrac{1}{2} \\ \dfrac{\sqrt{3}}{2} \end{pmatrix} = \begin{pmatrix} \cos\dfrac{\pi}{3} \\ \sin\dfrac{\pi}{3} \end{pmatrix}$$

となり、確かに$\pi/3$ だけの回転に対応している。それでは、ここですでに$\pi/3$ だけ回転させたベクトルを、さらに$\pi/3$ だけ回転させてみよう。すると

$$\begin{pmatrix} x'' \\ y'' \end{pmatrix} = \begin{pmatrix} \dfrac{1}{2} & -\dfrac{\sqrt{3}}{2} \\ \dfrac{\sqrt{3}}{2} & \dfrac{1}{2} \end{pmatrix} \begin{pmatrix} x' \\ y' \end{pmatrix} = \begin{pmatrix} \dfrac{1}{2} & -\dfrac{\sqrt{3}}{2} \\ \dfrac{\sqrt{3}}{2} & \dfrac{1}{2} \end{pmatrix} \begin{pmatrix} \dfrac{1}{2}x - \dfrac{\sqrt{3}}{2}y \\ \dfrac{\sqrt{3}}{2}x + \dfrac{1}{2}y \end{pmatrix}$$

となる。ちょっと、複雑なのでそれぞれの成分ごとの計算を抜き出すと

$$x'' = \frac{1}{2}\left(\frac{1}{2}x - \frac{\sqrt{3}}{2}y\right) - \frac{\sqrt{3}}{2}\left(\frac{\sqrt{3}}{2}x + \frac{1}{2}y\right) = \frac{1}{4}x - \frac{\sqrt{3}}{4}y - \frac{3}{4}x - \frac{\sqrt{3}}{4}y = -\frac{1}{2}x - \frac{\sqrt{3}}{2}y$$

$$y'' = \frac{\sqrt{3}}{2}\left(\frac{1}{2}x - \frac{\sqrt{3}}{2}y\right) + \frac{1}{2}\left(\frac{\sqrt{3}}{2}x + \frac{1}{2}y\right) = \frac{\sqrt{3}}{4}x - \frac{3}{4}y + \frac{\sqrt{3}}{4}x + \frac{1}{4}y = \frac{\sqrt{3}}{2}x - \frac{1}{2}y$$

よって整理すると

$$\begin{pmatrix} x'' \\ y'' \end{pmatrix} = \begin{pmatrix} \dfrac{1}{2} & -\dfrac{\sqrt{3}}{2} \\ \dfrac{\sqrt{3}}{2} & \dfrac{1}{2} \end{pmatrix} \begin{pmatrix} \dfrac{1}{2} & -\dfrac{\sqrt{3}}{2} \\ \dfrac{\sqrt{3}}{2} & \dfrac{1}{2} \end{pmatrix} \begin{pmatrix} x \\ y \end{pmatrix} = \begin{pmatrix} -\dfrac{1}{2}x - \dfrac{\sqrt{3}}{2}y \\ \dfrac{\sqrt{3}}{2}x - \dfrac{1}{2}y \end{pmatrix}$$

となる。これは行列とベクトルの積のかたちに変形すると

$$\begin{pmatrix} x'' \\ y'' \end{pmatrix} = \begin{pmatrix} -\dfrac{1}{2} & -\dfrac{\sqrt{3}}{2} \\ \dfrac{\sqrt{3}}{2} & -\dfrac{1}{2} \end{pmatrix} \begin{pmatrix} x \\ y \end{pmatrix}$$

で与えられる。じつは

$$\begin{pmatrix} x'' \\ y'' \end{pmatrix} = \begin{pmatrix} \dfrac{1}{2} & -\dfrac{\sqrt{3}}{2} \\ \dfrac{\sqrt{3}}{2} & \dfrac{1}{2} \end{pmatrix} \begin{pmatrix} x' \\ y' \end{pmatrix} = \begin{pmatrix} \dfrac{1}{2} & -\dfrac{\sqrt{3}}{2} \\ \dfrac{\sqrt{3}}{2} & \dfrac{1}{2} \end{pmatrix} \begin{pmatrix} \dfrac{1}{2} & -\dfrac{\sqrt{3}}{2} \\ \dfrac{\sqrt{3}}{2} & \dfrac{1}{2} \end{pmatrix} \begin{pmatrix} x \\ y \end{pmatrix}$$

の関係にあるから、上の式は

$$\begin{pmatrix} \dfrac{1}{2} & -\dfrac{\sqrt{3}}{2} \\ \dfrac{\sqrt{3}}{2} & \dfrac{1}{2} \end{pmatrix} \begin{pmatrix} \dfrac{1}{2} & -\dfrac{\sqrt{3}}{2} \\ \dfrac{\sqrt{3}}{2} & \dfrac{1}{2} \end{pmatrix} = \begin{pmatrix} \dfrac{1}{2} & -\dfrac{\sqrt{3}}{2} \\ \dfrac{\sqrt{3}}{2} & \dfrac{1}{2} \end{pmatrix}^2 = \begin{pmatrix} -\dfrac{1}{2} & -\dfrac{\sqrt{3}}{2} \\ \dfrac{\sqrt{3}}{2} & -\dfrac{1}{2} \end{pmatrix}$$

が成立することを示している。これは、左の行列のかけ算を実行すれば確かめられる。さらに

$$\begin{pmatrix} -\dfrac{1}{2} & -\dfrac{\sqrt{3}}{2} \\ \dfrac{\sqrt{3}}{2} & -\dfrac{1}{2} \end{pmatrix} = \begin{pmatrix} \cos\dfrac{2\pi}{3} & -\sin\dfrac{2\pi}{3} \\ \sin\dfrac{2\pi}{3} & \cos\dfrac{2\pi}{3} \end{pmatrix}$$

であるので、これは $\theta = 2\pi/3$ の回転に対応した行列であることも分かる。これは、少し考えれば、当たり前のことで、図4-3 に示すように、$\pi/3$ だけ2度回転する操作は $2\pi/3$ だけ回転する操作に他ならないからである。よって

$$\begin{pmatrix} \cos\theta & -\sin\theta \\ \sin\theta & \cos\theta \end{pmatrix}^2 = \begin{pmatrix} \cos 2\theta & -\sin 2\theta \\ \sin 2\theta & \cos 2\theta \end{pmatrix}$$

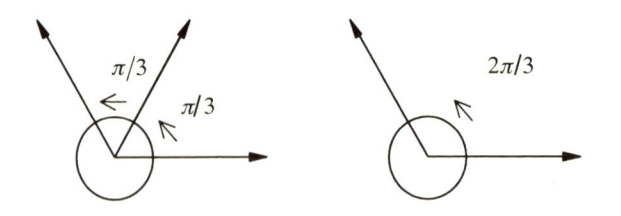

図 4-3　角 θ の回転を 2 度行う操作は、2θ の回転に相当する。

という関係にあることが分かる。これから容易に

  n 回の θ 回転　→　回転行列を n 回かける
  n 回の θ 回転　→　$n\theta$ だけ回転する

の 2 つの操作は等価であるから

$$\begin{pmatrix} \cos\theta & -\sin\theta \\ \sin\theta & \cos\theta \end{pmatrix}^n = \begin{pmatrix} \cos n\theta & -\sin n\theta \\ \sin n\theta & \cos n\theta \end{pmatrix}$$

となることも分かる。これは、三角関数 (trigonometric function) で知られているド・モアブル の定理 (de Moivre's theorem) である。

演習 4-1　回転行列の関係を利用して三角関数の倍角の公式を示せ。

解） 角度 θ の回転を 2 回行う操作は

$$\begin{pmatrix} \cos\theta & -\sin\theta \\ \sin\theta & \cos\theta \end{pmatrix}^2 = \begin{pmatrix} \cos 2\theta & -\sin 2\theta \\ \sin 2\theta & \cos 2\theta \end{pmatrix}$$

の行列で表すことができる。ここで、左辺を計算すると

第4章　行列とベクトル

$$\begin{pmatrix} \cos\theta & -\sin\theta \\ \sin\theta & \cos\theta \end{pmatrix}^2 = \begin{pmatrix} \cos\theta & -\sin\theta \\ \sin\theta & \cos\theta \end{pmatrix}\begin{pmatrix} \cos\theta & -\sin\theta \\ \sin\theta & \cos\theta \end{pmatrix}$$
$$= \begin{pmatrix} \cos^2\theta - \sin^2\theta & -2\sin\theta\cos\theta \\ 2\sin\theta\cos\theta & \cos^2\theta - \sin^2\theta \end{pmatrix}$$

となり、対応する成分をみると

$$\cos 2\theta = \cos^2\theta - \sin^2\theta \qquad \sin 2\theta = 2\sin\theta\cos\theta$$

という関係にあることが分かる。これは倍角の公式 (double angle formula) である。

演習 4-2　ベクトル (x, y) に、角度 $\pi/3$ の回転を 3 回施したベクトルを求めよ。

解）　ベクトル (x'', y'') に、もう 1 回、$\pi/3$ の回転ベクトルを作用させると

$$\begin{pmatrix} x''' \\ y''' \end{pmatrix} = \begin{pmatrix} \dfrac{1}{2} & -\dfrac{\sqrt{3}}{2} \\ \dfrac{\sqrt{3}}{2} & \dfrac{1}{2} \end{pmatrix}\begin{pmatrix} x'' \\ y'' \end{pmatrix} = \begin{pmatrix} \dfrac{1}{2} & -\dfrac{\sqrt{3}}{2} \\ \dfrac{\sqrt{3}}{2} & \dfrac{1}{2} \end{pmatrix}\begin{pmatrix} -\dfrac{1}{2}x - \dfrac{\sqrt{3}}{2}y \\ \dfrac{\sqrt{3}}{2}x - \dfrac{1}{2}y \end{pmatrix}$$

となる。よって

$$x''' = \frac{1}{2}\left(-\frac{1}{2}x - \frac{\sqrt{3}}{2}y\right) - \frac{\sqrt{3}}{2}\left(\frac{\sqrt{3}}{2}x - \frac{1}{2}y\right) = -x$$

$$y''' = \frac{\sqrt{3}}{2}\left(-\frac{1}{2}x - \frac{\sqrt{3}}{2}y\right) + \frac{1}{2}\left(\frac{\sqrt{3}}{2}x - \frac{1}{2}y\right) = -y$$

つまり、ベクトルは $(-x, -y)$ となり、ちょうど原点に沿って 180°(π) だけ回転したことに相当する。これは $(\pi/3) \times 3 = \pi$ を考えれば明らかであろう。
　さらに、$\pi/3$ という回転を 6 回行えば、もとに戻るので

$$\begin{pmatrix} \cos\dfrac{\pi}{3} & -\sin\dfrac{\pi}{3} \\ \sin\dfrac{\pi}{3} & \cos\dfrac{\pi}{3} \end{pmatrix}^6 = \begin{pmatrix} \dfrac{1}{2} & -\dfrac{\sqrt{3}}{2} \\ \dfrac{\sqrt{3}}{2} & \dfrac{1}{2} \end{pmatrix}^6 = \begin{pmatrix} \cos 2\pi & -\sin 2\pi \\ \sin 2\pi & \cos 2\pi \end{pmatrix} = \begin{pmatrix} 1 & 0 \\ 0 & 1 \end{pmatrix}$$

ということになる。

この関係を利用すると、単位行列の n 乗根は

$$\begin{pmatrix} \cos\dfrac{2\pi}{n} & -\sin\dfrac{2\pi}{n} \\ \sin\dfrac{2\pi}{n} & \cos\dfrac{2\pi}{n} \end{pmatrix}$$

と簡単に求めることができる。

このかたちの行列は、n 乗（つまりべき乗）すると単位行列 (unit matrix) になるので、べき単行列（unipotent matrix：単位 (uni) になる可能性 (pontent) を有する matrix）と呼ばれる。（もちろん、これ以外のかたちをしたべき単行列も存在する。）

4.3. 複素数と行列

ここに来て、あえてこのようなことを断ることは遅きに失した感があるが、行列やベクトルの成分として複素数 (complex number) があっても、もちろんかまわない。いままでは、2 次元平面や 3 次元空間のように、実世界の空間を対象として行列やベクトルをみてきたが、成分が複素数でも、基本的なルールさえ守っていれば何の問題もないのである。行列式においても事情は同じである。ここで、取り上げたいのは成分としての複素数ではなく、行列に虚数 (imaginary number) と同じ働きをするものが存在するという事実である。

さて、行列がベクトルに作用して 1 次変換を行うという性質を考えると、

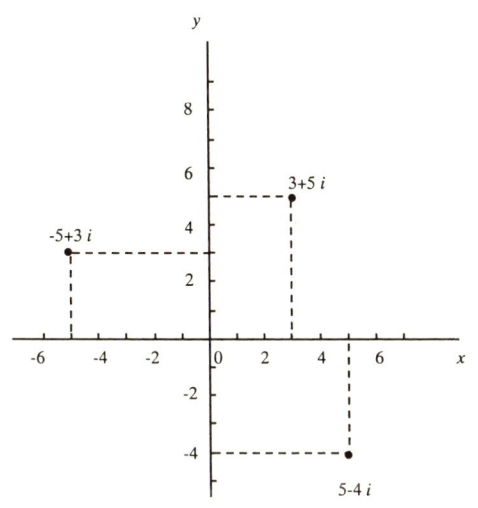

図 4-4 複素平面。複素数を表示するには、x 軸を実数軸、y 軸を虚数軸とする 2 次元平面が必要になる。

行列に虚数の役割を持たせることも可能になる。その説明のまえに、複素数 (complex number) について簡単に復習してみよう。複素数: z は

$$z = x + yi$$

と表記される。ここで i は虚数で $i^2 = -1$ で定義される想像上の数字であるが、現代数学や理工系の数学においては非常に重要な数学的道具となっている。その有用性は複素平面と密接な関係にある。

いま、複素平面 (complex plane) を使って複素数を表現すると図 4-4 に示したようになる。このとき x 軸が実数軸 (real axis)、y 軸が虚数軸 (imaginary axis) に対応している。この平面を使えば、すべての複素数を図示することができる。ここで、重要な点は、1 つの複素数を表現するには 2 個の数字が必要となるという事実である。実際に、複素平面と xy 平面を比較すると、複素数 $z = x + yi$ は、位置ベクトル (x, y) と等価である。つまり、複素数は 2 次元ベクトル (two dimensional vector) とみることもできるのである。

ここで、前項で取り扱った回転 (rotation) に対応した行列と、複素平面に

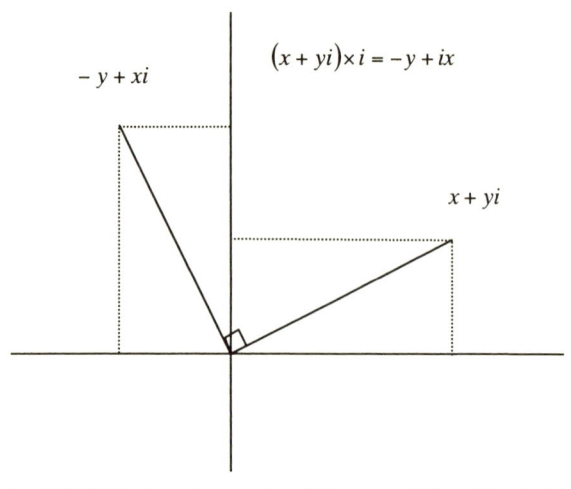

図 4-5 複素平面において、i のかけ算は $\pi/2$ の回転に相当する。

おける虚数の役割を比較してみる。ある複素数に虚数(i)をかけると

$$zi = (x+yi)i = xi + yi^2 = -y + xi$$

となるが、この操作は、図 4-5 に示すように、90°($\pi/2$) の回転に対応することが分かる。ここで、行列において$\pi/2$ の回転に対応したものは

$$\begin{pmatrix} \cos\theta & -\sin\theta \\ \sin\theta & \cos\theta \end{pmatrix} = \begin{pmatrix} \cos\dfrac{\pi}{2} & -\sin\dfrac{\pi}{2} \\ \sin\dfrac{\pi}{2} & \cos\dfrac{\pi}{2} \end{pmatrix} = \begin{pmatrix} 0 & -1 \\ 1 & 0 \end{pmatrix}$$

で与えられる。つまり、複素平面において i が果たす役割と、xy 平面において上の行列が果たす役割は等価である。実際に、この行列を 2 乗すると

$$\begin{pmatrix} 0 & -1 \\ 1 & 0 \end{pmatrix}^2 = \begin{pmatrix} 0 & -1 \\ 1 & 0 \end{pmatrix}\begin{pmatrix} 0 & -1 \\ 1 & 0 \end{pmatrix} = \begin{pmatrix} -1 & 0 \\ 0 & -1 \end{pmatrix} = -\begin{pmatrix} 1 & 0 \\ 0 & 1 \end{pmatrix} = -\tilde{E}$$

となって、虚数の場合のように 2 乗すると単位行列に負の符号がついたものとなる。よって、虚数との関係を強調し

$$\tilde{I} = \begin{pmatrix} 0 & -1 \\ 1 & 0 \end{pmatrix}$$

と表記すると

$$\tilde{I}^2 = -\tilde{E}$$

と書くことができる。同様にして

$$\tilde{I}^3 = \tilde{I}^2\tilde{I} = -\tilde{E}\tilde{I} = -\tilde{I} \qquad \tilde{I}^4 = \tilde{I}^3\tilde{I} = -\tilde{I}\tilde{I} = -(-\tilde{E}) = \tilde{E}$$

となって、虚数が持っている性質を行列として具備している。

以上のことを踏まえて、つぎの複素数に対応した行列を考えてみよう。

$$\tilde{Z} = x\tilde{E} + y\tilde{I}$$

これは、行列において実数部 (real part) が x、虚数部 (imaginary part) が y の複素数に対応したものと考えられる。具体的数値を入れれば

$$\tilde{Z} = x\begin{pmatrix} 1 & 0 \\ 0 & 1 \end{pmatrix} + y\begin{pmatrix} 0 & -1 \\ 1 & 0 \end{pmatrix}$$

となる。ここで、複素数において絶対値 (absolute value) を求める計算を思い起こしてみよう。

$$z = x + yi$$

この複素数の絶対値を求める場合、共役複素数 (conjugate complex number) と呼ばれる虚数部を負に変えた複素数

$$z^* = x - yi$$

をかけ合わせる必要があった。つまり

$$zz^* = (x+yi)(x-yi) = x^2 - y^2 i^2 = x^2 + y^2$$

という関係にあり、絶対値は

$$|z| = \sqrt{zz^*}$$

で与えられる。これと同様に、行列においても共役の関係にあるものとして

$$\tilde{Z}^* = x\tilde{E} - y\tilde{I}$$

という行列を想定する。ここで、これらの積を計算すると

$$\tilde{Z}\tilde{Z}^* = (x\tilde{E} + y\tilde{I})(x\tilde{E} - y\tilde{I}) = x^2\tilde{E}^2 - xy\tilde{E}\tilde{I} + xy\tilde{I}\tilde{E} - y^2\tilde{I}^2 = (x^2+y^2)\tilde{E}$$

となり、確かに行列の場合でも同様の関係が成立している。

いま見た例のように、数学では一見まったく異なる概念であっても、根底でつながっているという例が山のようにある。

複素数の例も、複素数が 2 次元ベクトルと等価であるということを足掛かりにして、虚数と同じはたらきをする行列を考えることができた。これが、物理数学において、思わぬブレイクスルーにつながる数学の奥深さの一端である。

最後に、虚数が物理数学において重要な役割を果たすもととなったオイラーの公式 (Euler's formula) について行列とのかかわりを見てみよう。オイラーの公式とは、虚数を介して指数関数と三角関数を結びつける以下の式である（この公式の導出は 5 章で行う）。

$$\exp(i\theta) = \cos\theta + i\sin\theta \quad \text{あるいは} \quad e^{i\theta} = \cos\theta + i\sin\theta$$

ここで、この関係を行列で表現してみよう。すると

第4章　行列とベクトル

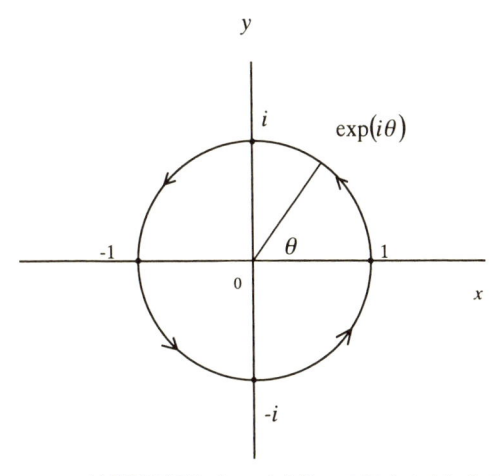

図 4-6 exp $(i\theta)$ は複素平面において半径 1 の円上の点になる。この時、θ を増やすという操作は回転に相当するが、別な視点に立つと、exp $(i\theta)$ をかけるという操作は θ の回転になる。

$$\exp(\tilde{I}\theta) = (\cos\theta)\tilde{E} + (\sin\theta)\tilde{I}$$

右辺を具体的に計算してみよう。

$$\exp(\tilde{I}\theta) = (\cos\theta)\begin{pmatrix} 1 & 0 \\ 0 & 1 \end{pmatrix} + (\sin\theta)\begin{pmatrix} 0 & -1 \\ 1 & 0 \end{pmatrix} = \begin{pmatrix} \cos\theta & -\sin\theta \\ \sin\theta & \cos\theta \end{pmatrix}$$

となって、まさに回転行列になる。実は、exp $(i\theta)$ は図 4-6 に示すように、複素平面における回転に対応しており、オイラー公式を行列で表現すると、まさに回転行列になるということで、概念の整合性がとれていることが分かる。

4.4. 面白い性質を有する行列

4.4.1. ゼロ行列をつくる行列

前項で示した 2×2 行列にどれほどの意味があるかという印象を持つかも

しれない。しかし、虚数に対応した行列があるという事実は、その数学的な応用を抜きにしても興味深いのではなかろうか。そこで、さらに面白い性質を有する行列をいくつか紹介しておこう。

まず、普通の数の世界では0ではない2つの数をかけて0になることはありえなかった。式で表すと

$$ab = 0 \quad ならば \quad a = 0 \quad あるいは \quad b = 0$$

でなければならない。ところが、行列では両方とも0行列ではないにもかかわらず、かけると0行列ができる場合がある。例えば

$$\begin{pmatrix} 1 & 0 \\ 0 & 0 \end{pmatrix}\begin{pmatrix} 0 & 0 \\ 1 & 0 \end{pmatrix} = \begin{pmatrix} 1\times 0+0\times 1 & 1\times 0+0\times 0 \\ 0\times 0+0\times 1 & 0\times 0+0\times 0 \end{pmatrix} = \begin{pmatrix} 0 & 0 \\ 0 & 0 \end{pmatrix}$$

となって、0行列ではない2つの行列のかけ算で、なんとすべての成分が0となる行列ができてしまう。さらに、つぎのように、ひとつの行列を2乗して0行列($\tilde{O}$)になる場合がある。

$$\begin{pmatrix} 0 & a \\ 0 & 0 \end{pmatrix}^2 = \begin{pmatrix} 0 & a \\ 0 & 0 \end{pmatrix}\begin{pmatrix} 0 & a \\ 0 & 0 \end{pmatrix} = \begin{pmatrix} 0\times 0+a\times 0 & 0\times a+a\times 0 \\ 0\times 0+0\times 0 & 0\times a+0\times 0 \end{pmatrix} = \begin{pmatrix} 0 & 0 \\ 0 & 0 \end{pmatrix} = \tilde{O}$$

同様にして

$$\begin{pmatrix} 0 & 0 \\ a & 0 \end{pmatrix}$$

も、2乗すると0行列となる。このように、べき乗してゼロになる行列をべきゼロ行列 (nilpotent matrix) と呼んでいる。

4.4.2. パウリ行列

$x^2 + y^2$ を実数 (real number) の世界で因数分解 (factorization) することはできないが、複素数を使うと、つぎのように分解することができる。

$$x^2 + y^2 = (x + yi)(x - yi)$$

これは、2次元平面での関数と考えられるが、この関数と同じ性質をもつ3次元空間での関数は

$$x^2 + y^2 + z^2$$

となる。r を定数として、これら関数 $= r^2$ と置くと、それぞれ半径を r とする円 ($x^2 + y^2 = r^2$) と球 ($x^2 + y^2 + z^2 = r^2$) に相当する。それでは、この3変数の関数を因数分解できるかというと、複素数の助けをかりても分解することはできない。

しかし、行列を使うと、因数分解ができるようになる。これを可能にするのがパウリ行列 (Pauli matrices) である。パウリ行列とは

$$\tilde{\sigma}_x = \begin{pmatrix} 0 & 1 \\ 1 & 0 \end{pmatrix} \quad \tilde{\sigma}_y = \begin{pmatrix} 0 & -i \\ i & 0 \end{pmatrix} \quad \tilde{\sigma}_z = \begin{pmatrix} 1 & 0 \\ 0 & -1 \end{pmatrix}$$

の3個の行列の組である。まず、パウリ行列は2乗すると単位行列 (unit matrix あるいは identity matrix) になる。つまり、べき単行列 (unipotent matrix) である。

$$\tilde{\sigma}_x^2 = \begin{pmatrix} 0 & 1 \\ 1 & 0 \end{pmatrix}^2 = \begin{pmatrix} 0 & 1 \\ 1 & 0 \end{pmatrix}\begin{pmatrix} 0 & 1 \\ 1 & 0 \end{pmatrix}$$
$$= \begin{pmatrix} 0\times 0 + 1\times 1 & 0\times 1 + 1\times 0 \\ 1\times 0 + 0\times 1 & 1\times 1 + 0\times 0 \end{pmatrix} = \begin{pmatrix} 1 & 0 \\ 0 & 1 \end{pmatrix}$$

$$\tilde{\sigma}_y^2 = \begin{pmatrix} 0 & -i \\ i & 0 \end{pmatrix}^2 = \begin{pmatrix} 0 & -i \\ i & 0 \end{pmatrix}\begin{pmatrix} 0 & -i \\ i & 0 \end{pmatrix}$$
$$= \begin{pmatrix} 0\times 0 - i\times i & 0\times (-i) - i\times 0 \\ i\times 0 + 0\times i & i\times (-i) + 0\times 0 \end{pmatrix} = \begin{pmatrix} 1 & 0 \\ 0 & 1 \end{pmatrix}$$

$$\tilde{\sigma}_z^2 = \begin{pmatrix} 1 & 0 \\ 0 & -1 \end{pmatrix}^2 = \begin{pmatrix} 1 & 0 \\ 0 & -1 \end{pmatrix}\begin{pmatrix} 1 & 0 \\ 0 & -1 \end{pmatrix}$$
$$= \begin{pmatrix} 1\times 1 + 0\times 0 & 1\times 0 + 0\times (-1) \\ 0\times 1 + (-1)\times 0 & 0\times 0 + (-1)\times (-1) \end{pmatrix} = \begin{pmatrix} 1 & 0 \\ 0 & 1 \end{pmatrix}$$

となって、確かに 2 乗すると単位行列になる。さらに、これら行列のかけ算を計算してみると

$$\tilde{\sigma}_x \tilde{\sigma}_y = \begin{pmatrix} 0 & 1 \\ 1 & 0 \end{pmatrix}\begin{pmatrix} 0 & -i \\ i & 0 \end{pmatrix} = \begin{pmatrix} i & 0 \\ 0 & -i \end{pmatrix} = i\begin{pmatrix} 1 & 0 \\ 0 & -1 \end{pmatrix} = i\tilde{\sigma}_z$$

$$\tilde{\sigma}_y \tilde{\sigma}_x = \begin{pmatrix} 0 & -i \\ i & 0 \end{pmatrix}\begin{pmatrix} 0 & 1 \\ 1 & 0 \end{pmatrix} = \begin{pmatrix} -i & 0 \\ 0 & i \end{pmatrix} = -i\begin{pmatrix} 1 & 0 \\ 0 & -1 \end{pmatrix} = -i\tilde{\sigma}_z$$

よって、非可換 (non-commutative) である。さらに

$$\tilde{\sigma}_x \tilde{\sigma}_y + \tilde{\sigma}_y \tilde{\sigma}_x = \tilde{O} \qquad \tilde{\sigma}_x \tilde{\sigma}_y - \tilde{\sigma}_y \tilde{\sigma}_x = 2i\tilde{\sigma}_z$$

という関係にあり、他の行列も

$$\tilde{\sigma}_y \tilde{\sigma}_z + \tilde{\sigma}_z \tilde{\sigma}_y = \tilde{O} \qquad \tilde{\sigma}_y \tilde{\sigma}_z - \tilde{\sigma}_z \tilde{\sigma}_y = 2i\tilde{\sigma}_x$$

$$\tilde{\sigma}_z \tilde{\sigma}_x + \tilde{\sigma}_x \tilde{\sigma}_z = \tilde{O} \qquad \tilde{\sigma}_z \tilde{\sigma}_x - \tilde{\sigma}_x \tilde{\sigma}_z = 2i\tilde{\sigma}_y$$

のような対称的な関係が成立する。ここで、つぎの行列を考えてみよう。

$$x\tilde{\sigma}_x + y\tilde{\sigma}_y + z\tilde{\sigma}_z$$

具体的にパウリ行列を代入すると

$$x\tilde{\sigma}_x + y\tilde{\sigma}_y + z\tilde{\sigma}_z = x\begin{pmatrix} 0 & 1 \\ 1 & 0 \end{pmatrix} + y\begin{pmatrix} 0 & -i \\ i & 0 \end{pmatrix} + z\begin{pmatrix} 1 & 0 \\ 0 & -1 \end{pmatrix} = \begin{pmatrix} z & x-yi \\ x+yi & -z \end{pmatrix}$$

となる。ここで、この行列の 2 乗を計算してみよう。すると

$$(x\tilde{\sigma}_x + y\tilde{\sigma}_y + z\tilde{\sigma}_z)^2 = \begin{pmatrix} z & x-yi \\ x+yi & -z \end{pmatrix}\begin{pmatrix} z & x-yi \\ x+yi & -z \end{pmatrix}$$

1 行 1 列成分は

$$z^2 + (x+yi)(x-yi) = z^2 + x^2 - y^2 i^2 = x^2 + y^2 + z^2$$

1行2列成分は

$$z(x-yi) - (x-yi)z = 0$$

となり、整理すると

$$\left(x\tilde{\sigma}_x + y\tilde{\sigma}_y + z\tilde{\sigma}_z\right)^2 = \begin{pmatrix} x^2+y^2+z^2 & 0 \\ 0 & x^2+y^2+z^2 \end{pmatrix} = (x^2+y^2+z^2)\begin{pmatrix} 1 & 0 \\ 0 & 1 \end{pmatrix}$$

結局

$$(x^2+y^2+z^2)\tilde{E} = \left(x\tilde{\sigma}_x + y\tilde{\sigma}_y + z\tilde{\sigma}_z\right)^2$$

となって、$(x^2+y^2+z^2)\tilde{E}$ という行列は、$\left(x\tilde{\sigma}_x + y\tilde{\sigma}_y + z\tilde{\sigma}_z\right)$ という因数 (factor) に分解できることになる。このように複素数を使ってもできなかった因数分解が、行列を利用して分解できたトリックは、行列の成分として虚数を含んでいるので、もともと虚数の機能を持っているうえに、行列自体にも虚数の機能があるので、普通の数にはない機能を2重につかうことが可能になるからである。

　ただし、歴史的にはパウリ行列は、パウリが量子力学において基本粒子 (elementary particle) が有するスピンという機能を数学的に表現するために考案したものである。つまり、物理の数学的表現が逆に数学に導入された例である。さらに、この考えがヒントになってディラック (Dirac) が時空における

$$x^2 + y^2 + z^2 + t^2$$

という関数を因数分解する必要があるときに、やはり行列をつかったというエピソードがある。(補遺4-1 参照)

4.5. 固有値と固有ベクトル

線形空間の学習をしているときに、重要な概念でありながら、よく分からない概念として固有値 (eigen value) と固有ベクトル (eigen vector) がある。すでに序章で紹介したように、量子力学を学ぶと、固有値という考えがいかに重要であるかが理解できる。固有値はミクロの世界において粒子が有する物理量（実際には期待値になるが）に対応する。

ただし、線形空間においては、むしろ行列のべき乗計算を楽にする手法として導入される。そこで、ここではこの考えで固有ベクトルを、まず眺めてみよう。

いま、任意の行列 $\widetilde{A}$ があったときに、適当な実数 λ をつかって、ベクトル $\vec{x}$ が

$$\widetilde{A}\vec{x} = \lambda \vec{x}$$

の関係で結ばれるとき、ベクトル $\vec{x}$ を行列 $\widetilde{A}$ の固有ベクトルとよび、λ を固有値と呼んでいる。

これを図形で考えると、ベクトル $\vec{x}$ に行列 $\widetilde{A}$ に相当する1次変換を施したときに、このベクトルの実数倍になる変換でしかないという意味である。

それでは、具体的に固有値をみてみよう。いま 2×2 行列 $\widetilde{A}$ の固有値として λ_1、λ_2、固有ベクトルとして (x_1, y_1)、(x_2, y_2) を考える。すると

$$\widetilde{A} \begin{pmatrix} x_1 \\ y_1 \end{pmatrix} = \lambda_1 \begin{pmatrix} x_1 \\ y_1 \end{pmatrix} \qquad \widetilde{A} \begin{pmatrix} x_2 \\ y_2 \end{pmatrix} = \lambda_2 \begin{pmatrix} x_2 \\ y_2 \end{pmatrix}$$

となる。ここで、固有ベクトルを成分とする行列をつくる。

$$\widetilde{P} = \begin{pmatrix} x_1 & x_2 \\ y_1 & y_2 \end{pmatrix}$$

すると、上の関係から

$$\widetilde{A}\widetilde{P} = \widetilde{A}\begin{pmatrix} x_1 & x_2 \\ y_1 & y_2 \end{pmatrix} = \begin{pmatrix} \lambda_1 x_1 & \lambda_2 x_2 \\ \lambda_1 y_1 & \lambda_2 y_2 \end{pmatrix}$$

となる。ところで

$$\begin{pmatrix} \lambda_1 x_1 & \lambda_2 x_2 \\ \lambda_1 y_1 & \lambda_2 y_2 \end{pmatrix} = \begin{pmatrix} x_1 & x_2 \\ y_1 & y_2 \end{pmatrix}\begin{pmatrix} \lambda_1 & 0 \\ 0 & \lambda_2 \end{pmatrix}$$

という関係にあるから、結局

$$\widetilde{A}\widetilde{P} = \widetilde{P}\begin{pmatrix} \lambda_1 & 0 \\ 0 & \lambda_2 \end{pmatrix}$$

という関係式が得られることが分かる。ここで、左から行列 $\widetilde{P}$ の逆行列 $\widetilde{P}^{-1}$ をかけると

$$\widetilde{P}^{-1}\widetilde{A}\widetilde{P} = \widetilde{P}^{-1}\widetilde{P}\begin{pmatrix} \lambda_1 & 0 \\ 0 & \lambda_2 \end{pmatrix} = \begin{pmatrix} \lambda_1 & 0 \\ 0 & \lambda_2 \end{pmatrix}$$

と対角行列 (diagonal matrix) に変形できる。このような操作を行列の対角化 (diagonalization of matrix) と呼んでいる。このときの対角要素 (diagonal entity) は固有値となる。さらに、$\widetilde{A}\widetilde{P}$ に $\widetilde{P}^{-1}$ をかけると

$$\widetilde{A}\widetilde{P}\widetilde{P}^{-1} = \widetilde{A} = \widetilde{P}\begin{pmatrix} \lambda_1 & 0 \\ 0 & \lambda_2 \end{pmatrix}\widetilde{P}^{-1}$$

という関係が得られる。いったん行列がこのかたちに変形できると、そのべき乗が簡単になる。普通の行列を n 乗するのは大変な労力を要するが

$$\widetilde{A}^n = \underbrace{\widetilde{P}\begin{pmatrix} \lambda_1 & 0 \\ 0 & \lambda_2 \end{pmatrix}\widetilde{P}^{-1}\widetilde{P}\begin{pmatrix} \lambda_1 & 0 \\ 0 & \lambda_2 \end{pmatrix}\widetilde{P}^{-1}\cdots\widetilde{P}\begin{pmatrix} \lambda_1 & 0 \\ 0 & \lambda_2 \end{pmatrix}\widetilde{P}^{-1}}_{n}$$

と変形できる。ここで

$$\widetilde{P}^{-1}\widetilde{P} = \widetilde{E}$$

であるから、結局

$$\tilde{A}^n = \underbrace{\tilde{P}\begin{pmatrix}\lambda_1 & 0 \\ 0 & \lambda_2\end{pmatrix}\begin{pmatrix}\lambda_1 & 0 \\ 0 & \lambda_2\end{pmatrix}\cdots\begin{pmatrix}\lambda_1 & 0 \\ 0 & \lambda_2\end{pmatrix}\tilde{P}^{-1}}_{n} = \tilde{P}\begin{pmatrix}\lambda_1 & 0 \\ 0 & \lambda_2\end{pmatrix}^n \tilde{P}^{-1}$$

となる。ここで、対角行列の n 乗は

$$\begin{pmatrix}\lambda_1 & 0 \\ 0 & \lambda_2\end{pmatrix}^n = \begin{pmatrix}\lambda_1^n & 0 \\ 0 & \lambda_2^n\end{pmatrix}$$

と計算できるので、行列のべき乗は

$$\tilde{A}^n = \tilde{P}\begin{pmatrix}\lambda_1^n & 0 \\ 0 & \lambda_2^n\end{pmatrix}\tilde{P}^{-1}$$

の関係を使って計算することができる。

4.6. 固有方程式

このように、固有ベクトルと固有値が求められれば、行列の対角化が可能 (diagonalizable) であることは分かったが、それでは、肝心の固有値はどうやって求めればよいのであろうか。そこで、原点に戻って、固有値の定義が何であったかを振り返ってみよう。任意の行列 $\tilde{A}$ に対して

$$\tilde{A}\vec{x} = \lambda\vec{x}$$

の関係を満足するベクトル $\vec{x}$ を固有ベクトル、λ を固有値と呼ぶのであった。ここで、この式を変形すると

$$(\lambda\tilde{E} - \tilde{A})\vec{x} = \vec{0}$$

となる。これは、連立 1 次方程式を考えたときに、定数項がすべて 0 となることを示している。専門的には、このような 1 次方程式群 (systems of linear equations) を同次方程式 (homogeneous equation) と呼んでいる。

このような、連立 1 次方程式は、自明な解 (trivial solutions) として、すべての成分が 0 となる解を有する。trivial というのは「つまらない」という意味を含んでおり、すべて 0 という解はつまらないということを意味している。実際、解がすべて 0 では、あまり役に立たない。

同次方程式が 0 以外の解を有する場合もあり、そのような解を自明でない解 (non-trivial solution) と呼んでいる。実践的には、こちらの方が重要である。ところで、0 以外の解を持つのは、どのようなときであろうか。

ここで、クラメールの公式を思い出してみよう。3 元連立 1 次方程式の場合を書くと

$$\begin{cases} a_{11}x_1 + a_{12}x_2 + a_{13}x_3 = b_1 \\ a_{21}x_1 + a_{22}x_2 + a_{23}x_3 = b_2 \\ a_{31}x_1 + a_{32}x_2 + a_{33}x_3 = b_3 \end{cases}$$

の方程式の解は、行列式を使って機械的に

$$x_1 = \frac{\begin{vmatrix} b_1 & a_{12} & a_{13} \\ b_2 & a_{22} & a_{23} \\ b_3 & a_{32} & a_{33} \end{vmatrix}}{\begin{vmatrix} a_{11} & a_{12} & a_{13} \\ a_{21} & a_{22} & a_{23} \\ a_{31} & a_{32} & a_{33} \end{vmatrix}} \quad x_2 = \frac{\begin{vmatrix} a_{11} & b_1 & a_{13} \\ a_{21} & b_2 & a_{23} \\ a_{31} & b_3 & a_{33} \end{vmatrix}}{\begin{vmatrix} a_{11} & a_{12} & a_{13} \\ a_{21} & a_{22} & a_{23} \\ a_{31} & a_{32} & a_{33} \end{vmatrix}} \quad x_3 = \frac{\begin{vmatrix} a_{11} & a_{12} & b_1 \\ a_{21} & a_{22} & b_2 \\ a_{31} & a_{32} & b_3 \end{vmatrix}}{\begin{vmatrix} a_{11} & a_{12} & a_{13} \\ a_{21} & a_{22} & a_{23} \\ a_{31} & a_{32} & a_{33} \end{vmatrix}}$$

と与えられるのであった。ところが、同次方程式では定数項がすべて 0 であるから、そのまま代入すると

$$x_1 = \frac{\begin{vmatrix} 0 & a_{12} & a_{13} \\ 0 & a_{22} & a_{23} \\ 0 & a_{32} & a_{33} \end{vmatrix}}{\begin{vmatrix} a_{11} & a_{12} & a_{13} \\ a_{21} & a_{22} & a_{23} \\ a_{31} & a_{32} & a_{33} \end{vmatrix}} = \frac{0}{\begin{vmatrix} a_{11} & a_{12} & a_{13} \\ a_{21} & a_{22} & a_{23} \\ a_{31} & a_{32} & a_{33} \end{vmatrix}}$$

となって、分子は必ず 0 となってしまう。他の変数も同様である。この場合に、0 以外の解を持つためには、分子の 0 を打ち消す必要があり、結局、分母の行列式の値も 0 とならなければない。

$$\begin{vmatrix} a_{11} & a_{12} & a_{13} \\ a_{21} & a_{22} & a_{23} \\ a_{31} & a_{32} & a_{33} \end{vmatrix} = 0$$

つまり、分子、分母がともに 0 であれば、0 ではない解、すなわち自明ではない解を持つ可能性があるのである。

　この考えはすぐに一般化され、同次方程式において自明ではない解を持つ条件は、係数行列 (coefficient matrix) の行列式 (determinant) が 0 になることである。これを、先ほどの固有値の方程式に適用すると

$$\det(\lambda \widetilde{E} - \widetilde{A}) = 0$$

これが、固有値が有する条件であり、このようにして作られる方程式を固有方程式 (eigenequation) と呼んでいる。つまり、この方程式を解くことで、固有値を求めることができる。具体例で体験した方が分かりやすいので、さっそく行列の固有値を求めてみよう。

　行列として、つぎの 2×2 行列を考える。

$$\widetilde{A} = \begin{pmatrix} 4 & 1 \\ -2 & 1 \end{pmatrix}$$

固有値を λ とすると、固有方程式は

$$\begin{vmatrix} \lambda - 4 & -1 \\ 2 & \lambda - 1 \end{vmatrix} = (\lambda - 4)(\lambda - 1) + 2 = \lambda^2 - 5\lambda + 6 = (\lambda - 2)(\lambda - 3) = 0$$

となって、固有値として $\lambda = 2, \lambda = 3$ が得られる。ついでに固有ベクトルを求めてみよう。

$$\begin{pmatrix} 4 & 1 \\ -2 & 1 \end{pmatrix}\begin{pmatrix} x_1 \\ y_1 \end{pmatrix} = 2\begin{pmatrix} x_1 \\ y_1 \end{pmatrix} \qquad \begin{pmatrix} 4 & 1 \\ -2 & 1 \end{pmatrix}\begin{pmatrix} x_2 \\ y_2 \end{pmatrix} = 3\begin{pmatrix} x_2 \\ y_2 \end{pmatrix}$$

より

$$\begin{cases} 4x_1 + y_1 = 2x_1 \\ -2x_1 + y_1 = 2y_1 \end{cases} \qquad \begin{cases} 4x_2 + y_2 = 3x_2 \\ -2x_2 + y_2 = 3y_2 \end{cases}$$

の条件式が得られる。最初の式から、0 ではない任意の実数を t_1 とおくと、$x = t_1, y = -2t_1$ が一般解として得られる。つぎの式からは、0 ではない任意の実数を t_2 とおくと、$x = t_2, y = -t_2$ が一般解として得られる。よって固有ベクトルは

$$t_1\begin{pmatrix} 1 \\ -2 \end{pmatrix} \qquad t_2\begin{pmatrix} 1 \\ -1 \end{pmatrix}$$

で与えられる。ここで、t_1, t_2 は任意であるので、それぞれ 1 とおいて

$$\tilde{P} = \begin{pmatrix} 1 & 1 \\ -1 & -2 \end{pmatrix}$$

という行列をつくる。するとこの逆行列は、つぎの係数拡大行列の行基本変形から

$$\begin{pmatrix} 1 & 1 & 1 & 0 \\ -1 & -2 & 0 & 1 \end{pmatrix} \to \begin{pmatrix} 1 & 1 & 1 & 0 \\ 0 & -1 & 1 & 1 \end{pmatrix}_{r_2 + r_1} \to \begin{pmatrix} 1 & 0 & 2 & 1 \\ 0 & -1 & 1 & 1 \end{pmatrix}_{r_1 + r_2}$$

$$\to \begin{pmatrix} 1 & 0 & 2 & 1 \\ 0 & 1 & -1 & -1 \end{pmatrix}_{r_2 \times (-1)}$$

となって

$$\tilde{P}^{-1} = \begin{pmatrix} 2 & 1 \\ -1 & -1 \end{pmatrix}$$

と与えられる。これらを使って、対角化を行うと、

$$\widetilde{P}^{-1}\widetilde{A}\widetilde{P} = \begin{pmatrix} 2 & 1 \\ -1 & -1 \end{pmatrix}\begin{pmatrix} 4 & 1 \\ -2 & 1 \end{pmatrix}\begin{pmatrix} 1 & 1 \\ -1 & -2 \end{pmatrix} = \begin{pmatrix} 6 & 3 \\ -2 & -2 \end{pmatrix}\begin{pmatrix} 1 & 1 \\ -1 & -2 \end{pmatrix} = \begin{pmatrix} 3 & 0 \\ 0 & 2 \end{pmatrix}$$

となって、確かに対角行列となり、その成分は固有値となっている。

このように行列の対角化が可能になれば、その後の取り扱いが便利になることは分かるが、どうして苦労してまで、行列の固有値や固有ベクトルを求める必要があるのであろうか。2次の正方行列でも、これだけの手間がかかるのである。実は、次章で紹介するように、固有ベクトルや固有値を得ることは、量子力学においては、電子の運動に関する物理量を得る重要な方法である。線形代数の演習においては、その意味が不明確であるため、とまどいを感じるひとが多いのである。

演習 4-3 つぎの3次正方行列の固有値と固有ベクトルを求め、対角化せよ。

$$\widetilde{A} = \begin{pmatrix} 1 & -1 & 3 \\ 0 & -1 & 1 \\ 0 & 3 & 1 \end{pmatrix}$$

解) まず、固有値を λ とすると、固有方程式は

$$\begin{vmatrix} \lambda-1 & 1 & -3 \\ 0 & \lambda+1 & -1 \\ 0 & -3 & \lambda-1 \end{vmatrix} = 0$$

と与えられる。これを第1列めで余因子展開すると

$$(\lambda-1)\begin{vmatrix} \lambda+1 & -1 \\ -3 & \lambda-1 \end{vmatrix} = (\lambda-1)\{(\lambda+1)(\lambda-1)-3\}$$

よって固有方程式は

$$(\lambda-1)(\lambda-2)(\lambda+2)=0$$

となり、固有値としては 1、2、-2 が得られる。つぎに、それぞれに対応した固有ベクトルを求めてみよう。まず、固有値 1 に対しては、固有ベクトルを

$$\vec{x} = \begin{pmatrix} x_1 \\ x_2 \\ x_3 \end{pmatrix}$$

とおくと

$$\begin{pmatrix} 1 & -1 & 3 \\ 0 & -1 & 1 \\ 0 & 3 & 1 \end{pmatrix} \begin{pmatrix} x_1 \\ x_2 \\ x_3 \end{pmatrix} = 1 \begin{pmatrix} x_1 \\ x_2 \\ x_3 \end{pmatrix}$$

を満足する。

$$\begin{array}{l} x_1 - x_2 + 3x_3 = x_1 \\ -x_2 + x_3 = x_2 \\ 3x_2 + x_3 = x_3 \end{array} \qquad \begin{cases} x_1 = x_1 \\ x_2 = 0 \\ x_3 = 0 \end{cases}$$

よって、この関係を満足するのは、任意の実数を u とおいて

$$\vec{x} = u \begin{pmatrix} 1 \\ 0 \\ 0 \end{pmatrix}$$

となる。つぎに固有値 2 に対する固有ベクトルを

$$\vec{y} = \begin{pmatrix} y_1 \\ y_2 \\ y_3 \end{pmatrix}$$

とおくと

$$\begin{pmatrix} 1 & -1 & 3 \\ 0 & -1 & 1 \\ 0 & 3 & 1 \end{pmatrix} \begin{pmatrix} y_1 \\ y_2 \\ y_3 \end{pmatrix} = 2 \begin{pmatrix} y_1 \\ y_2 \\ y_3 \end{pmatrix}$$

を満足する。よって条件は

$$\begin{array}{l} y_1 - y_2 + 3y_3 = 2y_1 \\ -y_2 + y_3 = 2y_2 \\ 3y_2 + y_3 = 2y_3 \end{array} \qquad \begin{cases} y_1 + y_2 - 3y_3 = 0 \\ 3y_2 - y_3 = 0 \\ 3y_2 - y_3 = 0 \end{cases}$$

適当な実数を t とおく

$$\vec{y} = t \begin{pmatrix} 8 \\ 1 \\ 3 \end{pmatrix}$$

で与えられる。

　最後に固有値 -2 に対する固有ベクトルを

$$\vec{z} = \begin{pmatrix} z_1 \\ z_2 \\ z_3 \end{pmatrix}$$

とおくと

$$\begin{pmatrix} 1 & -1 & 3 \\ 0 & -1 & 1 \\ 0 & 3 & 1 \end{pmatrix} \begin{pmatrix} z_1 \\ z_2 \\ z_3 \end{pmatrix} = -2 \begin{pmatrix} z_1 \\ z_2 \\ z_3 \end{pmatrix}$$

を満足する。よって条件は

$$\begin{array}{l} z_1 - z_2 + 3z_3 = -2z_1 \\ -z_2 + z_3 = -2z_2 \\ 3z_2 + z_3 = -2z_3 \end{array} \qquad \begin{cases} 3z_1 - z_2 + 3z_3 = 0 \\ z_2 + z_3 = 0 \\ 3z_2 + 3z_3 = 0 \end{cases}$$

適当な実数を v とおくと

$$\vec{z} = v \begin{pmatrix} 4 \\ 3 \\ -3 \end{pmatrix}$$

で与えられる。ここで、それぞれ $u = 1, t = 1, v = 1$ と置いて行列 $\tilde{P}$ をつくると

$$\tilde{P} = \begin{pmatrix} 1 & 8 & 4 \\ 0 & 1 & 3 \\ 0 & 3 & -3 \end{pmatrix}$$

が得られる。ここで、この行列の逆行列を求めるためにつぎの行列の行基本変形を行う。

$$\begin{pmatrix} 1 & 8 & 4 & 1 & 0 & 0 \\ 0 & 1 & 3 & 0 & 1 & 0 \\ 0 & 3 & -3 & 0 & 0 & 1 \end{pmatrix}$$

$$\rightarrow \begin{pmatrix} 1 & 0 & -20 & 1 & -8 & 0 \\ 0 & 1 & 3 & 0 & 1 & 0 \\ 0 & 0 & -12 & 0 & -3 & 1 \end{pmatrix} \begin{matrix} r_1 - 8 \times r_2 \\ \\ r_3 - 3 \times r_2 \end{matrix}$$

$$\rightarrow \begin{pmatrix} 1 & 0 & -20 & 1 & -8 & 0 \\ 0 & 1 & 3 & 0 & 1 & 0 \\ 0 & 0 & 1 & 0 & 1/4 & -1/12 \end{pmatrix} r_3/(-12)$$

$$\rightarrow \begin{pmatrix} 1 & 0 & 0 & 1 & -3 & -5/3 \\ 0 & 1 & 0 & 0 & 1/4 & 1/4 \\ 0 & 0 & 1 & 0 & 1/4 & -1/12 \end{pmatrix} \begin{matrix} r_1 + 20 \times r_3 \\ r_2 - 3 \times r_3 \\ \end{matrix}$$

よって、逆行列は

$$\tilde{P}^{-1} = \begin{pmatrix} 1 & -3 & -5/3 \\ 0 & 1/4 & 1/4 \\ 0 & 1/4 & -1/12 \end{pmatrix}$$

となる。ここで、最初の行列の対角化を行ってみよう。

$$\tilde{P}^{-1}\tilde{A}\tilde{P} = \begin{pmatrix} 1 & -3 & -5/3 \\ 0 & 1/4 & 1/4 \\ 0 & 1/4 & -1/12 \end{pmatrix} \begin{pmatrix} 1 & -1 & 3 \\ 0 & -1 & 1 \\ 0 & 3 & 1 \end{pmatrix} \begin{pmatrix} 1 & 8 & 4 \\ 0 & 1 & 3 \\ 0 & 3 & -3 \end{pmatrix}$$

まず、右2つの行列のかけ算を実行すると

$$\begin{pmatrix} 1 & -1 & 3 \\ 0 & -1 & 1 \\ 0 & 3 & 1 \end{pmatrix} \begin{pmatrix} 1 & 8 & 4 \\ 0 & 1 & 3 \\ 0 & 3 & -3 \end{pmatrix} = \begin{pmatrix} 1 & 16 & -8 \\ 0 & 2 & -6 \\ 0 & 6 & 6 \end{pmatrix}$$

よって

$$\tilde{P}^{-1}\tilde{A}\tilde{P} = \begin{pmatrix} 1 & -3 & -5/3 \\ 0 & 1/4 & 1/4 \\ 0 & 1/4 & -1/12 \end{pmatrix} \begin{pmatrix} 1 & 16 & -8 \\ 0 & 2 & -6 \\ 0 & 6 & 6 \end{pmatrix} = \begin{pmatrix} 1 & 0 & 0 \\ 0 & 2 & 0 \\ 0 & 0 & -2 \end{pmatrix}$$

と対角化でき、確かに対角成分が固有値になっていることが確かめられる。

以上の対角化において、対角化するための行列は任意であった。これは、固有ベクトルにまず自由度があることが原因である。そこで、どうせ自由なのであれば、すべてを正規化することも可能である。

実は、対称行列（対角線に沿って対称位置にある成分が同じ行列：symmetric matrix）の対角化を行うときに、固有ベクトルを正規直交化すると、この基底からつくられる行列は直交行列（転置行列が逆行列となる行列：orthogonal matrix）となり、直交行列で対角化できることが知られている。

しかし、このような定義を聞いても、それが何の役に立つのかと思って

しまう。実際に、この考えが重要となるのは、量子力学においてである。ただし、その場合は成分が複素数となり、対称行列はエルミート行列 (Hermitian matrix)、直交行列はユニタリー行列 (unitary matrix) というものに変わる。これについては、次章で紹介する。

補遺 4-1　ディラック行列

パウリ行列によって

$$x^2 + y^2 + z^2$$

が因数分解できることは本文で示した。ディラックは相対論的な展開には、さらにもう1つ変数、つまり時間の項が必要で

$$x^2 + y^2 + z^2 + t^2$$

の因数分解をする必要があることに気づく。そして、パウリ行列にヒントを得て、少し煩雑ではあるが、つぎの4行4列の行列を使うと、因数分解が可能となることを発見する。

$$\tilde{\alpha}_x = \begin{pmatrix} 0 & 0 & 0 & 1 \\ 0 & 0 & 1 & 0 \\ 0 & 1 & 0 & 0 \\ 1 & 0 & 0 & 0 \end{pmatrix} \quad \tilde{\alpha}_y = \begin{pmatrix} 0 & 0 & 0 & -i \\ 0 & 0 & i & 0 \\ 0 & -i & 0 & 0 \\ i & 0 & 0 & 0 \end{pmatrix}$$

$$\tilde{\alpha}_z = \begin{pmatrix} 0 & 0 & 1 & 0 \\ 0 & 0 & 0 & -1 \\ 1 & 0 & 0 & 0 \\ 0 & -1 & 0 & 0 \end{pmatrix} \quad \tilde{\beta} = \begin{pmatrix} 1 & 0 & 0 & 0 \\ 0 & 1 & 0 & 0 \\ 0 & 0 & -1 & 0 \\ 0 & 0 & 0 & -1 \end{pmatrix}$$

これら行列をディラック行列 (Dirac matrices) と呼んでいる。少し計算が大変ではあるが、実際に確かめてみよう。まずつぎの行列を考える。

$$x\tilde{\alpha}_x + y\tilde{\alpha}_y + z\tilde{\alpha}_z + t\tilde{\beta}$$

うえの行列を代入すると

$$x\tilde{\alpha}_x + y\tilde{\alpha}_y + z\tilde{\alpha}_z + t\tilde{\beta} =$$

$$x\begin{pmatrix} 0 & 0 & 0 & 1 \\ 0 & 0 & 1 & 0 \\ 0 & 1 & 0 & 0 \\ 1 & 0 & 0 & 0 \end{pmatrix} + y\begin{pmatrix} 0 & 0 & 0 & -i \\ 0 & 0 & i & 0 \\ 0 & -i & 0 & 0 \\ i & 0 & 0 & 0 \end{pmatrix} + z\begin{pmatrix} 0 & 0 & 1 & 0 \\ 0 & 0 & 0 & -1 \\ 1 & 0 & 0 & 0 \\ 0 & -1 & 0 & 0 \end{pmatrix} + t\begin{pmatrix} 1 & 0 & 0 & 0 \\ 0 & 1 & 0 & 0 \\ 0 & 0 & -1 & 0 \\ 0 & 0 & 0 & -1 \end{pmatrix}$$

$$= \begin{pmatrix} t & 0 & z & x-yi \\ 0 & t & x+yi & -z \\ z & x-yi & -t & 0 \\ x+yi & -z & 0 & -t \end{pmatrix}$$

ここで、この行列の 2 乗は

$$\left(x\tilde{\alpha}_x + y\tilde{\alpha}_y + z\tilde{\alpha}_z + t\tilde{\beta}\right)^2 = \begin{pmatrix} t & 0 & z & x-yi \\ 0 & t & x+yi & -z \\ z & x-yi & -t & 0 \\ x+yi & -z & 0 & -t \end{pmatrix}^2$$

$$= \begin{pmatrix} t & 0 & z & x-yi \\ 0 & t & x+yi & -z \\ z & x-yi & -t & 0 \\ x+yi & -z & 0 & -t \end{pmatrix} \begin{pmatrix} t & 0 & z & x-yi \\ 0 & t & x+yi & -z \\ z & x-yi & -t & 0 \\ x+yi & -z & 0 & -t \end{pmatrix}$$

となる。ここで、例えば、(1, 1) 成分を計算すると

$$t^2 + z^2 + (x-yi)(x+yi) = x^2 + y^2 + z^2 + t^2$$

つぎに (1, 2) 成分は

$$t \times 0 + 0 \times t + z(x - yi) + (x - yi)(-z) = 0$$

となり、続けて他の成分もすべて計算すると

$$\left(x\tilde{\alpha}_x + y\tilde{\alpha}_y + z\tilde{\alpha}_z + t\tilde{\beta}\right)^2 =$$

$$\begin{pmatrix} x^2 + y^2 + z^2 + t^2 & 0 & 0 & 0 \\ 0 & x^2 + y^2 + z^2 + t^2 & 0 & 0 \\ 0 & 0 & x^2 + y^2 + z^2 + t^2 & 0 \\ 0 & 0 & 0 & x^2 + y^2 + z^2 + t^2 \end{pmatrix}$$

$$= \left(x^2 + y^2 + z^2 + t^2\right)\tilde{E}$$

という関係が確かめられ、確かに因数分解できることが分かる。
　ちなみにディラック行列はパウリ行列で表現することができる。もう一度パウリ行列を書くと

$$\tilde{\sigma}_x = \begin{pmatrix} 0 & 1 \\ 1 & 0 \end{pmatrix} \quad \tilde{\sigma}_y = \begin{pmatrix} 0 & -i \\ i & 0 \end{pmatrix} \quad \tilde{\sigma}_z = \begin{pmatrix} 1 & 0 \\ 0 & -1 \end{pmatrix}$$

であった。これを使うとディラック行列は

$$\tilde{\alpha}_x = \begin{pmatrix} 0 & 0 & 0 & 1 \\ 0 & 0 & 1 & 0 \\ 0 & 1 & 0 & 0 \\ 1 & 0 & 0 & 0 \end{pmatrix} = \begin{pmatrix} \tilde{O} & \tilde{\sigma}_x \\ \tilde{\sigma}_x & \tilde{O} \end{pmatrix}$$

$$\tilde{\alpha}_y = \begin{pmatrix} 0 & 0 & 0 & -i \\ 0 & 0 & i & 0 \\ 0 & -i & 0 & 0 \\ i & 0 & 0 & 0 \end{pmatrix} = \begin{pmatrix} \tilde{O} & \tilde{\sigma}_y \\ \tilde{\sigma}_y & \tilde{O} \end{pmatrix}$$

$$\tilde{\alpha}_z = \begin{pmatrix} 0 & 0 & 1 & 0 \\ 0 & 0 & 0 & -1 \\ 1 & 0 & 0 & 0 \\ 0 & -1 & 0 & 0 \end{pmatrix} = \begin{pmatrix} \tilde{O} & \tilde{\sigma}_z \\ \tilde{\sigma}_z & \tilde{O} \end{pmatrix}$$

$$\tilde{\beta} = \begin{pmatrix} 1 & 0 & 0 & 0 \\ 0 & 1 & 0 & 0 \\ 0 & 0 & -1 & 0 \\ 0 & 0 & 0 & -1 \end{pmatrix} = \begin{pmatrix} \tilde{E} & \tilde{O} \\ \tilde{O} & -\tilde{E} \end{pmatrix}$$

と表すことができる。パウリ行列にひとひねり加えた様子がうかがえるであろう。

第5章 量子力学と線形代数

　線形代数 (linear algebra) の教科書をみると、徒然草第五十二段の仁和寺の法師の話がいつも思い浮かぶ。せっかく自分のあこがれの岩清水八幡宮を訪れながら、本山を拝まずに山門の宮寺の極楽寺で引き返すという逸話である。線形代数も、量子力学 (quantum mechanics) を学んではじめて、その本当の威力が分かるのであるが、ほとんどの教科書では、それに必要なエルミート行列 (Hermitian matrix) やユニタリー変換 (unitary transformation)（これらの実数版である対称行列の対角化の方がより一般的であるが）を紹介していても、量子力学そのものを取り扱うことはまずない。

　また、量子力学に使われてこそ威力を発揮する固有方程式(eigenequation)や固有値 (eigenvalue) などの概念も学ぶが、それがいったいどういう役に立つのかを体験せずに、講義が終わってしまう。まさに、仁和寺の法師のように、線形代数の本山を拝まぬまま終わってしまうのである。

　しかし、このような状況になるのも分からないでもない。数学の専門家は、量子力学の建設に行列が重要な役割を果たしたという歴史は知っていても、具体的にどのように行列が使われ、それがどのような威力を発揮するかを自分で体験したことがないからである。量子力学は理工系の専門課程で学習する学問であり、数学の必修ではない。

　量子力学は、ニュートン力学では説明できない電子の運動を表現するために、ありとあらゆる数学の知識を動員して構築されたものである。よって、数学者にとっても興味のつきない分野と思うのであるが、興味の対象は電子の運動を知ることではなく、その運動を記述する過程で使われた数学的道具の抽象的な意味の方である。

　本書では、量子力学のすべてを紹介することはできないが、線形代数が

量子力学で果たした役割が、ある程度実感できるように紹介したい。

5.1. ベクトルと関数

いまでこそ、関数 (function) とベクトル (vector) が等価であることはほとんどのひとが知っているが、おそらく量子力学においてこれらが等価ということが認識がされるまでは、その相関はそれほど重要とは思われていなかったのではなかろうか。

とりあえず、簡単な例として

$$f(x) = a_0 + a_1 x + a_2 x^2 + a_3 x^3$$

という 3 次関数 (cubic function) を考えてみよう。この関数は定数項 (constant term) に対応した (1) と (x), (x^2), (x^3) の項の線形結合 (linear combination) でできている関数とみなすことができる[1]。このとき、それぞれの項は他の項の線形結合では表現できない。例えば x の項は、任意の実数 a, b, c を使って

$$a + bx^2 + cx^3$$

の線形結合で表すことはできない。このことを、専門的にはこれら成分は線形独立 (linearly independent) であると呼んでいる。

ここで、それぞれの項の係数を取り出して

$$(a_0, a_1, a_2, a_3)$$

というベクトルをつくる。こうすると、すべての 3 次関数は、この 4 次元ベクトルで表現できることになる。そして、いちばん簡単な基本ベクトル (fundamental vector) として、つぎの 4 つを考えると

---

[1] 実は、冒頭で線形代数の対象は 1 次関数であり、2 次関数以上は線形ではないから、その守備範囲ではないという説明をした。しかし、x^2 以上の項も、それ自体をひとつのベクトル成分とみなすと、線形代数でも取り扱いが可能となる。$\sin kx$ と $\cos kx$ も線形関数ではないが、同様に線形代数で取り扱うことができる。

第 5 章 量子力学と線形代数

$$\begin{pmatrix}1\\0\\0\\0\end{pmatrix} \quad \begin{pmatrix}0\\1\\0\\0\end{pmatrix} \quad \begin{pmatrix}0\\0\\1\\0\end{pmatrix} \quad \begin{pmatrix}0\\0\\0\\1\end{pmatrix}$$

これらは、それぞれ (1), (x), (x^2), (x^3) の項に対応している。(一般には、これらが最も単純な基本ベクトル (fundamental vector) であるので、標準基底(standard basis)と呼んでいる。) これら基本ベクトルを使って、先ほどの 3 次関数を表現すれば

$$a_0\begin{pmatrix}1\\0\\0\\0\end{pmatrix} + a_1\begin{pmatrix}0\\1\\0\\0\end{pmatrix} + a_2\begin{pmatrix}0\\0\\1\\0\end{pmatrix} + a_3\begin{pmatrix}0\\0\\0\\1\end{pmatrix}$$

と書くこともできる。

ところで、これら基本ベクトルの 1 個でも欠ければ、3 次関数全体を網羅することはできなくなる。よって、これら 4 つのベクトルは必要であり、かつこれら 4 つのベクトルがあれば 3 次関数全体を表すことができる。これを完全性 (completeness) と呼んでいる。

同じように、1 次関数 (linear function)、2 次関数 (quadratic function)、そして n 次関数 (nth order function) の全体は、それぞれ 2 次元ベクトル、3 次元ベクトル、($n + 1$)次元ベクトルで網羅することができる。

ところで、2 次関数は、3 次関数を表現する 4 次元ベクトルにおいて a_3 の係数が 0 の場合に相当する。つまり、3 次関数という集合 (set) を考えると、2 次関数はその特殊な場合と考えられ、専門的には 2 次関数の集合は、3 次関数の集合の部分集合 (subset) とみなすことができる。

5.2. 無限次元ベクトル

ここで、無限べき級数 (infinite power series) からなる多項式 (polynomial)

$$f(x) = a_0 + a_1 x + a_2 x^2 + a_3 x^3 + a_4 x^4 + ... + a_n x^n + ...$$

を考える。すると、すべての関数は、この集合に含まれることになる。例えば、3次関数は、この無限級数において a_4 以降の係数がすべて 0 の関数である。

　集合という概念は、使い方をあやまると単に面倒なだけであるが、無限という集まりを考えた場合には、非常に有効な手段となる。なぜなら、3次関数の数は無限であるが、集合という考えに立てば、ちゃんと 4 次関数の部分集合という分類ができるからである。

　しかし、このような無限項からなる多項式を考えることに、どれだけの意味があるのかという疑問も湧こう。実は、ほとんどの関数は、ある手法によって、無限べき級数に展開できるのである。その方法をつぎに紹介する。

　任意の関数 $f(x)$ を級数展開するには微分をうまく利用する。まず、上の展開式に $x = 0$ を代入すれば、x を含んだ項が消えるので、

$$f(0) = a_0$$

となって、最初の定数項 (first constant term) が求められる。次に、$f(x)$ を x で微分すると

$$f'(x) = a_1 + 2a_2 x + 3a_3 x^2 + 4a_4 x^3 + 5a_5 x^4 + ...$$

となる。この式に $x = 0$ を代入すれば

$$f'(0) = a_1$$

となって、a_2 以降の項はすべて消えて、a_1 のみが求められる。同様にして、順次微分を行いながら、$x = 0$ を代入していくと、それ以降の係数がすべて求められる。

$$f''(x) = 2a_2 + 3\cdot 2 a_3 x + 4\cdot 3 a_4 x^2 + 5\cdot 4 a_5 x^3 + ...$$

$$f'''(x) = 3\cdot 2 a_3 + 4\cdot 3\cdot 2 a_4 x + 5\cdot 4\cdot 3 a_5 x^2 + ...$$

第5章 量子力学と線形代数

となり、$x = 0$ を代入すれば、それぞれ a_2, a_3 が求められる。よって、定数は

$$a_0 = f(0), \quad a_1 = f'(0), \quad a_2 = \frac{1}{1 \cdot 2}f''(0), \quad a_3 = \frac{1}{1 \cdot 2 \cdot 3}f'''(0),$$

$$\cdots\cdots\cdots, \quad a_n = \frac{1}{n!}f^n(0)$$

で与えられ、展開式は

$$f(x) = f(0) + f'(0)x + \frac{1}{2!}f''(0)x^2 + \frac{1}{3!}f'''(0)x^3 + \cdots + \frac{1}{n!}f^{(n)}(0)x^n + \cdots$$

となる。これをまとめて書くと一般式 (general form)

$$f(x) = \sum_{n=0}^{\infty} \frac{1}{n!}f^{(n)}(0)x^n$$

が得られる。このように、何回でも微分が可能な関数であれば、無限級数に展開することが可能である。(有限回の微分であれば、有限の個数の多項式に展開される。)

ここで、$(1), (x), (x^2), (x^3), \ldots , (x^n), \ldots$ を基底 (basis) とすると、この無限級数は無限次元 (infinite dimension) のベクトルと考えることもできる。つまり、すべての n 次関数は、この無限次元ベクトルが張る線形空間の中のベクトルとして表現することができる。このような空間を関数空間 (function space) と呼んでいる。つまり、ほとんどの関数は、無限次元の関数空間 (indefinite dimensional function space)の成分 (element) となる。先ほどの表現では、完全な系 (complete system) ということになる。このような無限次元の線形空間をヒルベルト空間 (Hilbert space) とも呼ぶ。

しかし、無限次元のベクトルでは、取り扱いが不便であるし、何よりも無限に続く級数を計算することができない。実際に使う場合には、無限級数といっても、一般式で表現すると、それほど取り扱いが面倒ではない。さらに、係数間の特徴を探ることで、異なった関数どうしの関係を調べることも可能である。土台にして、人類の至宝と呼ばれるオイラー公式

(Euler's formula)

$$e^{ix} = \cos x + i \sin x$$

も、これら関数を無限級数展開した結果、発見されたものである（補遺 5-1 参照）。

さらに、関数がいったんべき級数のかたちになれば、微分積分が項別に簡単に行えるという利点もあり、理工系では重宝されている手法である。

5.3. 関数空間

関数空間（あるいはヒルベルト空間）というのは、実は、前項で取り扱ったべき乗の項だけではなく、いろいろな関数を基底にすることができる。むしろ、ベクトルとのからみでは、べき級数はあまり有用ではない。関数空間の代表はフーリエ級数 (Fourier series) であるが、そのまえに無限次元ベクトルの関数空間について考えてみよう。

この場合の一般式は

$$F(x) = a_0 + a_1 f_1(x) + a_2 f_2(x) + a_3 f_3(x) + a_4 f_4(x) + ... + a_n f_n(x) + ...$$

となる。ベクトル表示をすれば

$$(a_0, a_1, a_2, ..., a_n, ...)$$

という無限個数の成分 (element) からできたベクトルとなる。

ただし、やみくもに関数を選んでも意味がない。この関数展開が意味をもつような工夫が必要となる。ここで、ベクトルのときを思い出すと、n 次元空間のすべてのベクトルを網羅するためには、$n+1$ 個の基底ベクトルが必要であった。逆にいえば、$n+1$ 個の基底ベクトルの線形結合で、すべてのベクトルを表現することができる。

それでは、どのようにして基底ベクトルをつくるか、そのためには第 1 章で紹介したように、内積を利用する。$n+1$ 個のベクトルが基底となるためには、それぞれが直交している必要がある。この直交関係は、ベクトル

の内積が0になるという条件から求められる。

それでは、関数空間ではどのようにして、内積を定義するのであろうか。それは、つぎの積分を利用する。いま、2つの関数 $f_1(x), f_2(x)$ があったとき、その内積は

$$\int_a^b f_1(x) f_2(x) dx$$

で与えられると考える（補遺5-2参照）。この積分範囲は、考えている関数の定義域がどの範囲にあるのかで決まる。（ただし、無限次元空間で扱う空間とは異なることに注意する必要がある。）

そして、この積分の値が0となるときに、この関数は直交しているという。よって

$$\int_a^b f_1(x) f_2(x) dx = 0$$

が、関数 $f_1(x)$ と $f_2(x)$ が直交する条件である。

5.4. 直交関数系

それでは、どのような関数が直交関係にあるのであろうか。これは、具体例で考えた方が分かりやすい。例えば、定義域の範囲を $0 \leq x \leq 2\pi$ として、$\sin x$ と $\cos x$ を考えてみよう。これらのかけ算を積分すると

$$\int_0^{2\pi} \sin x \cos x \, dx = \frac{1}{2} \int_0^{2\pi} \sin 2x \, dx = \frac{1}{2} \left[-\frac{\cos 2x}{2} \right]_0^{2\pi} = 0$$

となって、積分の値が0となる。つまり、$\sin x$ と $\cos x$ は直交関係にあることが分かる。実は、$\sin mx, \cos nx$（m、nは整数）はすべて直交関係にあることが分かっており、これら関数群をつかって、任意の関数の展開が可能となる。

$$F(x) = a_0 \cos 0x + a_1 \cos 1x + a_2 \cos 2x + \ldots + a_n \cos nx + \ldots$$
$$+ b_0 \sin 0x + b_1 \sin 1x + b_2 \sin 2x + \ldots + b_n \sin nx + \ldots$$

これは、ご存じフーリエ級数展開 (Fourier series expansion) である。ただし、$\sin 0x$ は必ず 0 であるから、b_0 の項はない。これら三角関数は、すべて直交しており、この関数空間は完全である。別な視点から、この関数が、$(\cos 0x)$, $(\cos 1x)$, $(\cos 2x), \ldots, (\cos nx), \ldots$ と $(\sin 0x), (\sin 1x), (\sin 2x), \ldots, (\sin nx), \ldots$ の無限の項からなる無限次元ベクトルと考えることもできる。ただし、$\cos 0x = 1$ であるし、$\sin 0x = 0$ であるから

$$F(x) = a_0 + a_1 \cos x + a_2 \cos 2x + \ldots + a_n \cos nx + \ldots$$
$$+ b_1 \sin x + b_2 \sin 2x + \ldots + b_n \sin nx + \ldots$$

と表記する。

しかし、このような展開をするためには、それぞれの係数を求める必要がある。ここで、再び関数の内積の考え方が役に立つ。例えば、いま $F(x)$ に $\sin 1x$（つまり $\sin x$）をかけて積分してみよう。すると

$$\int_0^{2\pi} F(x) \sin x \, dx = a_0 \int_0^{2\pi} \sin x \, dx + a_1 \int_0^{2\pi} \cos x \sin x \, dx + \ldots$$
$$+ b_1 \int_0^{2\pi} \sin x \sin x \, dx + b_2 \int_0^{2\pi} \sin 2x \sin x \, dx + \ldots$$

となって、直交関係から、ほとんどの積分は 0 となり、唯一残るのは

$$\int_0^{2\pi} \sin x \sin x \, dx$$

の項だけとなる。つまり、直交関係を利用すると、ある項の係数だけを選択的に取り出すことができるのである。この場合、$\sin x$ をかけて積分すると、この関数の係数 b_1 が得られる。これを計算すると

$$\int_0^{2\pi} \sin^2 x \, dx = \int_0^{2\pi} \frac{1 - \cos 2x}{2} dx = \left[\frac{x}{2} - \frac{\sin 2x}{4} \right]_0^{2\pi} = \pi$$

となる。よって

$$b_1 = \frac{1}{\pi}\int_0^{2\pi} F(x)\sin x\, dx$$

と与えられる。このように、$F(x)$に $\sin mx$ をかけて 0 から 2π まで積分すれば b_m 項が、$\cos nx$ をかけて 0 から 2π まで積分すれば a_n 項が得られる。このようにして、すべての項の係数を計算できる。この三角関数で展開できる級数がフーリエ級数展開である。しかも、フーリエ級数の基底である三角関数ではお互いの内積が 0 となる。つまり、すべて直交関係にある。

さらに、欲を出して、自分自身の内積の値が 1 になるように正規化してみよう。この操作はそれほど困難ではなく、

$$f_m(x) = \frac{1}{\sqrt{\pi}}\sin mx \qquad f_n(x) = \frac{1}{\sqrt{\pi}}\cos nx$$

のように、係数 $1/\sqrt{\pi}$ をかければ良い。こうすれば、内積に対応した積分が 1 と規格化できる。ためしに、これらの積分をとると

$$\int_0^{2\pi} f_m^{\,2}(x)dx = \int_0^{2\pi}\frac{\sin^2 mx}{\pi}dx = \int_0^{2\pi}\frac{1-\cos 2mx}{2\pi}dx = \left[\frac{x}{2\pi} - \frac{\sin 2mx}{4\pi n}\right]_0^{2\pi} = 1$$

$$\int_0^{2\pi} f_n^{\,2}(x)dx = \int_0^{2\pi}\frac{\cos^2 nx}{\pi}dx = \int_0^{2\pi}\frac{1+\cos 2nx}{2\pi}dx = \left[\frac{x}{2\pi} + \frac{\sin 2nx}{4\pi n}\right]_0^{2\pi} = 1$$

となって、確かに内積に相当する積分値が 1 になる。ただし、最初の項の自身の内積は

$$\int_0^{2\pi} \cos 0x \cos 0x\, dx = \int_0^{2\pi} 1\, dx = \left[x\right]_0^{2\pi} = 2\pi$$

となるので、正規化するためには $1/\sqrt{2\pi}$ をかける必要がある。よって、完全な正規直交関数系 (normalized orthogonal function system) は

$$F(x) = \frac{1}{\sqrt{2\pi}}a_0 + \frac{1}{\sqrt{\pi}}a_1\cos x + \frac{1}{\sqrt{\pi}}a_2\cos 2x + ... + \frac{1}{\sqrt{\pi}}a_n\cos nx + ...$$
$$+ \frac{1}{\sqrt{\pi}}b_1\sin x + \frac{1}{\sqrt{\pi}}b_2\sin 2x + ... + \frac{1}{\sqrt{\pi}}b_n\sin nx + ...$$

と与えられることになる。よって、これら関数成分

$$\left(\frac{1}{\sqrt{2\pi}}\right), \left(\frac{1}{\sqrt{\pi}}\cos x\right), \left(\frac{1}{\sqrt{\pi}}\sin x\right), \left(\frac{1}{\sqrt{\pi}}\cos 2x\right), \left(\frac{1}{\sqrt{\pi}}\sin 2x\right),$$
$$..., \left(\frac{1}{\sqrt{\pi}}\cos nx\right), \left(\frac{1}{\sqrt{\pi}}\sin nx\right),...$$

はベクトル空間での用語に従えば、正規直交化基底ベクトル (normalized orthogonal basis vector) となる。

5.5. 指数関数によるフーリエ級数展開

　物理現象の中には、波の性質を持ったものが多い。一般の波は複雑な形状を有するが、これを解析すると、図 5-1 に示すように基本波 (つまり、sin mx と cos nx) の重ねあわせであることが分かる。この解析にフーリエ級数展開が利用される。つまり、基本波 (あるいは基底関数) の振幅 (あるいは基底関数の係数 : a_n および b_n) を求めればよいのである。

　もともとこの手法はフーリエ (Fourier) が熱伝導解析 (analysis of thermal conductivity) に応用したものであり、その後波動方程式 (wave equation) など、波の解析に広く利用されるようになった歴史的経緯がある。

　量子力学は電子が波の性質を有していることを踏まえて、その運動状態をフーリエ級数によって表現できることを基本としている。ただし、実際にフーリエ級数を量子力学に応用する場合には、三角関数による表示ではなく、オイラーの公式

$$e^{ix} = \cos x + i\sin x$$

を利用して、指数関数による展開式に変換したものがより一般的である。

第 5 章　量子力学と線形代数

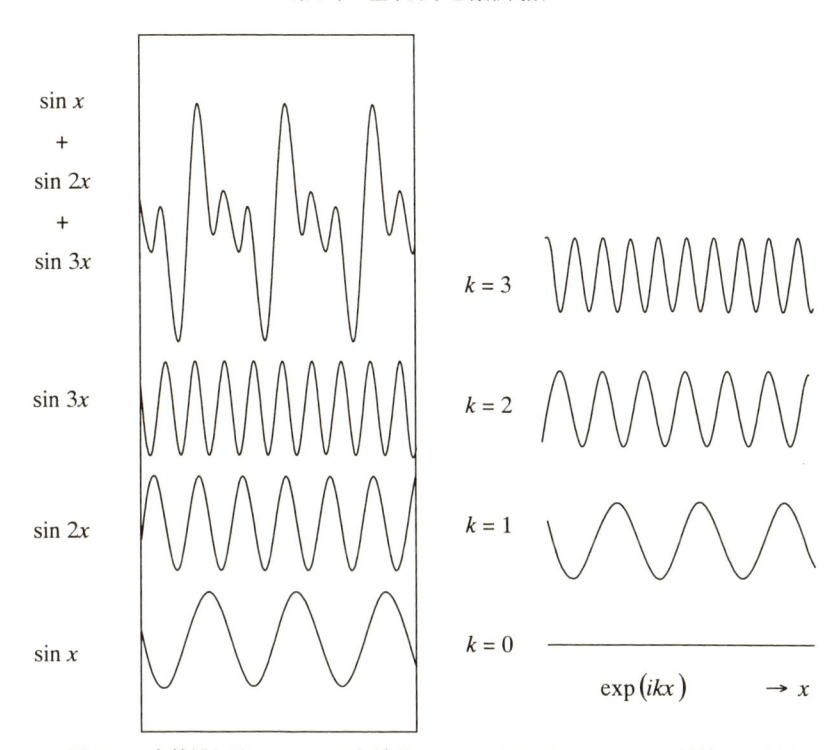

図 5-1　自然界には、いろいろな波が存在するが、ほとんどの波は複雑なかたちをしている。ところが、複雑な波もきちんと解析すると、基本波の重ね合せであることが分かる。この基本波への分解をフーリエ級数展開と呼んでいる。

図 5-2　$\exp(ikx)$ は波数 k に対応した波を表現する。例えば、$k = 0$ は波の数が 0 であるから、振動のない状態に対応する。また、波数 k を増やしていくと、波の数、別な視点では振動数が増えていくことになる

この公式では、虚数 (i) を介して cos と sin が一緒の式に入っている。$\exp(ikx)$ という表式は、図 5-2 に示すように、波数 (wave number) が k の波をうまく表現できる（補遺 5-3 参照）。よって、フーリエ級数展開するときに、この表式をつかって展開するのが、より一般的となっている。つまり

$$(e^{i0x}), (e^{i1x}), (e^{i2x}), (e^{i3x}), ..., (e^{inx}), ...$$

という成分からなる関数群で、関数を展開することになる。すると

$$F(x) = c_0 e^{i0x} + c_1 e^{i1x} + c_2 e^{i2x} + c_3 e^{i3x} + ... + c_n e^{inx} + ...$$

（あるいは　　$F(x) = c_0 + c_1 e^{ix} + c_2 e^{i2x} + c_3 e^{i3x} + ... + c_n e^{inx} + ...$）

という展開が可能となる。$\sin x$ と $\cos x$ の両方があると煩雑であるが、こう表記するとすっきりする。しかし、実際には、指数関数の肩の数字が負の

$$(e^{-i1x}), (e^{-i2x}), (e^{-i3x}), ..., (e^{-inx}), ...$$

の項も展開には必要となり、関数は

$$F(x) = ...c_{-n} e^{-inx} + ...c_{-2} e^{-i2x} + c_{-1} e^{-ix} + c_0 + c_1 e^{ix} + c_2 e^{i2x} + ... + c_n e^{inx} + ...$$

と展開される。というのも、オイラーの公式を書き換えて、$\sin mx$ と $\cos nx$ の表示にすると

$$\cos nx = \frac{e^{inx} + e^{-inx}}{2} \qquad \sin mx = \frac{e^{imx} - e^{-imx}}{2i}$$

となり、最初の三角関数のフーリエ級数展開式に代入すると、必ず負の項も入るからである。

　これは、別な視点でみると、実数関数を複素関数で表現したための制約とも言える。さらに実数関数となるためには、フーリエ級数の係数を

$$c_n = a_n + b_n i$$

と複素表示で書いたとき、

$$c_{-n} = a_n - b_n i$$

という条件を満足する必要もある。なぜなら、このときだけ

$$c_n e^{inx} + c_{-n} e^{-inx} = (a_n + b_n i)e^{inx} + (a_n - b_n i)e^{-inx} = a_n(e^{inx} + e^{-inx}) + b_n i(e^{inx} - e^{-inx})$$

$$= a_n(2\cos nx) + b_n i(2i \sin nx) = 2a_n \cos nx - 2b_n \sin nx$$

第5章 量子力学と線形代数

となって、フーリエ級数が実数関数になるからである。よって、フーリエ級数展開の一般式は

$$F(x) = \sum_{n=-\infty}^{n=+\infty} c_n e^{inx}$$

と書くことができ、共役複素数の記号＊を使って表記すると

$$c_{-n} = c_n^{*}$$

という条件が係数に課されることになる。この事実が、のちの量子力学において重要になるので、少し気に留めておいてほしい[2]。

つぎに、指数関数を使って級数展開したときの基底の関係について見てみよう。複素数の場合に気をつけるのは、単に関数どうしをかけるのではなく、複素共役な関数 (conjugate function) をかける必要がある点である。つまり、

$$f_m(x) = e^{imx} \qquad f_n(x) = e^{inx}$$

とすると、この内積は

$$\int_0^{2\pi} f_m^{*}(x) f_n(x) dx$$

となる。こうしないと、自身の内積をとったときに、その大きさ（ノルム）が実数にならない。（これは、複素数の絶対値をとるときと全く同様である。）ここで、$m \neq n$ のときは

---

[2] ならば、最初から実数である sin や cos のフーリエ級数を使えばいいではないかという考えもあろう。実際に、三角関数で量子力学の波動関数を表現する場合もある。ところが、いろいろなケースに対応しようとすると、やたらと式ばかりが増えて、逆に煩雑になってしまう。例えば、電子の波が空間的かつ時間的に変動する場合には指数関数による表記 $e^{i(kx-\omega t)}$ の方がはるかに便利である。

$$\int_0^{2\pi} e^{imx} e^{-inx} dx = \int_0^{2\pi} e^{i(m-n)x} dx = \left[\frac{e^{i(m-n)x}}{i(m-n)}\right]_0^{2\pi} = \frac{e^{i2\pi(m-n)} - e^0}{i(m-n)} = \frac{1-1}{i(m-n)} = 0$$

となって、かならず 0 となり、これらすべての基底はお互いに、直交関係にあることが分かる。一方 $m = n$ のときには

$$\int_0^{2\pi} e^{imx} e^{-imx} dx = \int_0^{2\pi} e^0 dx = \int_0^{2\pi} 1 dx = [x]_0^{2\pi} = 2\pi$$

となる。これがノルムである。よって、正規化するためには $1/\sqrt{2\pi}$ をかける必要がある。(本書では扱わないが、フーリエ変換の変換式の頭に、この係数がついている場合があるが、それは、正規化した結果である。)

　結局、フーリエ級数展開をベクトルとみなした場合の正規直交化基底 (normalized orthogonal basis) は

$$f_n(x) = \frac{1}{\sqrt{2\pi}} e^{inx} \quad (n = -\infty, ..., -2, -1, 0, 1, 2, ..., +\infty)$$

ということになる。少し前置きが長くなったが、要は量子力学で大活躍するフーリエ級数展開は、波の性質を示す状態を無限級数という関数で表現したものであるが、別な視点では無限次元のベクトルと考えることもできるという事実が重要である。

5.6. 量子力学の構築

5.6.1. 量子力学前夜

　量子力学は、20 世紀初頭に原子がいったいどういう構造をしているかという疑問から端を発した。そして、原子構造が正に帯電した原子核が中心にあり、そのまわりを負に帯電した電子が運動しているということが明らかになってから、次第にその関心はいかに電子の運動を解明するかに移っていったのである。しかし、ここで物理学者はニュートン力学を根底からくつがえさなければならない事態に直面するのである。

　その第一歩は、アインシュタイン (Einstein) による光量子 (light quantum)

説である。それまで、光は波であるということが常識であったが、しかし、それでは説明できない現象がプランク (Planck) によって観測された。物体を熱すると、光が発生する。温度が上がるにつれて、金属の色は赤から次第に白に変わる。この光（正しくは電磁波である）のエネルギー分布を調べる過程で、どうしても光のエネルギーは連続ではなく、$h\nu$ を単位とした飛び飛びの振動数しか許されないことが分かったのである。（ここで、h はプランク定数(Planck constant)と呼ばれる定数であり、ν は光の振動数である。）つまり、物質（を構成している原子）から放出される光は、とびとびのエネルギーしか持たないことを示している。

しかし、光を波と考えていたプランクには、この事実を受け入れることはできなかった。なぜなら、波であればエネルギーは振幅の 2 乗で与えられるので、連続的に変わるはずのものだからである。ところが、アインシュタインは光が $h\nu$ というエネルギーをもった粒子であると考えれば、この現象が説明できると提唱した。この考えは、光が波ということでは説明できない光電効果 (photoelectric effect) やコンプトン効果 (Compton effect)（補遺 5-4 参照）をうまく説明できることから歓迎されたが、しかし、その一方で光が波であるという厳然たる実験結果ももちろん得られている。

当時の物理学者は、いったい光は波なのか粒子なのか大いに悩んだ。常識では、波であり粒でもある実体は存在しないからである。ここで、物理学に大きな発想の転換が必要とされたのである。

さて、ここで電子の運動の話に戻ろう。当時の物理学者たちは、原子内の電子の運動を何とか記述できないものかと考えていた。しかし、残念なことに、原子内の電子の運動を直接観察する手段はない。（これは、現在に至っても事情は変わらない。）

このとき、その解明のヒントを与えたのが、原子から出てくる光（正確には電磁波である）のスペクトル (spectrum) であった。ある原子からは、決まった振動数の光しか出てこないのである。（この原理はレーザー光源に利用されている。）これをヒントにボーア (Bohr) は、原子内の電子軌道 (orbital of electrons) は、電子波の波長の整数倍しか許されないというボーアの量子条件 (quantum condition) を提唱する。つまり、電子軌道（半径 r）は飛び飛びの値しかとれないのである。この条件は、プランク定数 h を使

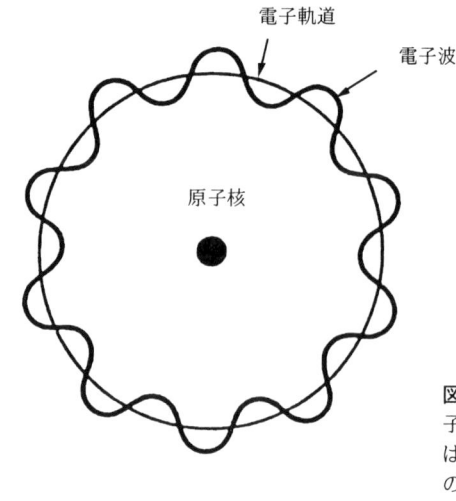

$$2\pi r = n\lambda \quad (n = 1,2,3...)$$

図 5-3 ボーアの量子条件。電子の軌道として許されるのは、その周長 ($2\pi r$) が電子波の波長の整数倍の軌道である。

って

$$2\pi r = n\frac{h}{mv} = n\frac{h}{p}$$

と書くことができる。ここでnは整数 (integer) であり、mvは電子の質量 (m: mass) と速度 (v: velocity) の積、つまり運動量 (p: momentum) である。もっと直接的な表現として、電子波の波長 ($\lambda = h/p$)を使うと

$$2\pi r = n\lambda$$

と書き換えられる（図 5-3 参照）。

　そして、原子から出てくる光は、電子がある軌道から別な軌道にうつるときに放出あるいは吸収され、その波長(λ)（あるいは振動数：ν）はある決まったものであることも分かった。何よりも、ボーアの量子条件によって、当時水素原子から出てくる光のスペクトルを見事に説明することができたのである。

　ボーアの量子条件は非常に素晴らしいものであったが、依然として電子

第5章 量子力学と線形代数

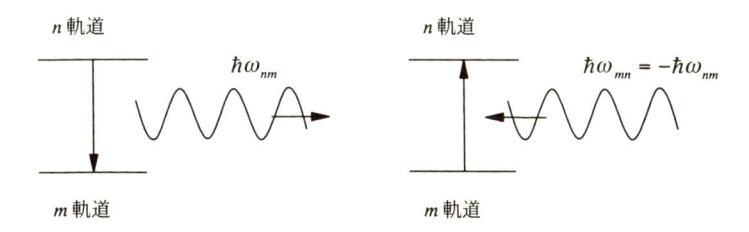

図 5-4 電子の軌道間の遷移。電子が、よりエネルギーの高い n 軌道から、エネルギーの低い m 軌道へ遷移するときには、光 $\hbar\omega_{nm}$ を放出し、逆の場合には光 $\hbar\omega_{nm}$ を吸収する。

の運動そのものはなぞのままである。また、スペクトルには、実は光の波長だけではなく、光の強度も測定できるのであるが、これに関してはまったく説明することができなかったのである。

ここで、アインシュタインの光量子説が、つぎへ進むヒントを与えた。つまり、1個の電子が軌道を移るときに、決まったエネルギー $h\nu$ を有する光量子（あるいは光子(photon)とも呼ぶ）を1個放出あるいは吸収すると考えたのである（図 5-4 参照）。すると、スペクトルの強度は遷移の回数に対応する。（この仮定に、なんらかの物理的バックグランドがあったわけではないが。）

このヒントをもとに、ボーアの弟子ハイゼンベルグ (Hysenberg) が、電子の運動を記述する新しい力学を構築するのであるが、ここで行列が大活躍をする。（面白いことに、ハイゼンベルグは行列つまり線形代数を知らなかったのである。）

5. 6. 2. 行列力学の誕生

原子から出るスペクトルは、光ではあるが、当然、原子内の電子の運動を反映したものである（と考えられる）。これをヒントにして電子の運動を記述できないものかとハイゼンベルグは思案する。

古典力学では、電子のような荷電粒子 (charged particle) が、振動数 ν で振動すると、振動数 ν の整数倍の光（正式には電磁波）が発生することが知られている。電波（電磁波の一種である）の発振は、この原理を利用してい

る。
　ここで、ハイゼンベルグは光であれば

$$X(t) = \sum_{n=-\infty}^{n=+\infty} x(t) e^{in\omega t}$$

のかたちのフーリエ級数で表現できることを思いついた。ただし、ここでは、振動数νのかわりに

$$\omega = 2\pi\nu \quad (h\nu = \hbar\omega)$$

という関係を使って、角速度(ω)で表現している。
　原子内でも同様のことが起こっているという保証はないが、ハイゼンベルグは、これを拠り所にして電子の運動を考えたのである。ただし、スペクトルの光は、ある軌道から別の軌道に電子が遷移するときに出てくるものであって、直接電子の運動とは対応していない。つまり、電子がn軌道からm軌道にうつるときに

$$h\nu_{nm} (= \hbar\omega_{nm})$$

のエネルギーを持った光子が飛び出してくるのである。(この考えに到達するまで紆余曲折があったのであるが。) よって、飛び出した光の振動数が電子の運動の振動数に直接は関係していないことになる。これが、ボーアを悩ませた問題である。若いハイゼンベルグは物理的描像は明確ではなかったが、電子の運動に関係した式として

$$q_n(t) = \sum_{m=1}^{+\infty} Q(n,m) \exp(i\omega_{nm} t)$$

というフーリエ級数式を強引につくったのである。(ここでは、見にくいので指数関数をexpで表示している。) ここで、nは電子がn軌道にあることに対応し、mは電子が移動する先の軌道である、よってmとしては、1から無限大までの正の値を選んでいる。
　しかし、指数関数で表現したフーリエ級数では、5.4項で示したように負

の項がなければ実数関数にならない。実は、後で示すように、これにはうまい解決策が用意されている。

　ここで、この式の意味を少し考えてみよう。まず、$Q(n, m)$ は古典の波ではその振幅 (amplitude) であるが、原子内で n 軌道から m 軌道への電子の遷移のしやすさに対応する。また、$\exp(i\omega_{nm}t)$ の項は時間の項を含んでいるので、電子波の振動状態がどのように変化するかを示す指標と言える。つまり、この式は、電子の運動そのものよりも、電子の運動がどのように変化するかの指標を与えるものと解釈できる。

　ただし、この和は n 軌道だけの電子の運動に対応したものであるから、原子全体では、全部の軌道について足しあわせる必要がある。よって

$$q(t) = \sum_{n=1}^{+\infty} q_n(t) = \sum_{n=1}^{+\infty} \sum_{m=1}^{+\infty} Q(n,m) \exp(i\omega_{nm}t)$$

ということになる。シグマ記号を使っているので、まだ簡単ではあるが、これが相当複雑な式となることは予想できよう。

　ここで、n 軌道と m 軌道の電子のエネルギーを E_n と E_m とすると

$$E_n - E_m = h\nu_{nm} = \hbar\omega_{nm}$$

という関係にある。すると

$$\hbar\omega_{mn} = E_m - E_n = -\hbar\omega_{nm}$$

という関係にあるので、この右辺の総和をとるときに、$\exp(i\omega_{mn}t)$ に対して、$\exp(-i\omega_{mn}t)$ という共役項も式の中に存在するのである。これが先ほど話した解決策である。

　あとは、この総和が実数関数になるための条件は、フーリエ級数のところで見たように

$$Q(m,n) = Q(n,m)^*$$

と、m と n を転置した項の係数が複素共役の関係を満足すればよいのである。

このような条件を課したうえで、ハイゼンベルグは大胆にも、$q(t)$ が電子の位置を示す関数とみなして、ニュートン力学の運動方程式に代入するのである。例えば、電子の質量を m とすると

$$F(t) = m\frac{d^2 q(t)}{dt^2}$$

で電子に働く力が与えられる。常識で考えれば、このような操作は意味がない。なぜなら、ニュートン力学では説明できない現象を説明するために、新しい学問を構築してきたのに、再びニュートン力学の世話になるというのでは、本末転倒である。ところが、このような仮定のもとで、計算を進めていくと、ボーアの量子条件だけでなく、課題であった光のスペクトルの強度まで説明することができることが分かったのである。

　このノートをハイゼンベルグから見せられたボーアは、あまりにも数式が複雑に込み入っているのに辟易したが、無謀とも言える数式展開が、実は電子の運動を記述する量子力学の建設につながる重要な成果であることを認識する。そして、膨大な数式の山が、かつて習った行列で整理できることに気づくのである。ここで、上の式を

$$q_{nm}(t) = Q(n, m)\exp(i\omega_{nm}t)$$

と表記する。これら成分は

$$q_{11}(t) = Q(1, 1)\exp(i\omega_{11}t)$$
$$q_{12}(t) = Q(1, 2)\exp(i\omega_{12}t)$$
$$q_{13}(t) = Q(1, 3)\exp(i\omega_{13}t)$$
$$\cdots\cdots$$

と書くことができるが、これを整理すれば

第 5 章　量子力学と線形代数

$$\begin{pmatrix} q_{11}(t) & q_{12}(t) & q_{13}(t) & \cdots & \cdots \\ q_{21}(t) & q_{22}(t) & q_{23}(t) & & \\ q_{31}(t) & q_{32}(t) & q_{33}(t) & & \\ \vdots & & & & \\ \vdots & & & & \end{pmatrix}$$

のように、行列 (matrix) にまとめることができる。ここで、m と n は電子軌道に対応しており、その総数は同じであるから、この行列は正方行列 (square matrix) になる。さらに、この行列には、いくつか特徴がある。まず、成分が複素数である。つぎに

$$q_{12}(t) = q_{21}(t)^* \quad q_{13}(t) = q_{31}(t)^* \quad q_{23}(t) = q_{32}(t)^*$$

というように、対角線の対称位置にある要素は、互いに複素共役である。（こうしないと実数関数にならない。）専門的には転置行列の複素共役が、もとの行列と等しいという表現になる。つまり

$${}^t\tilde{Q} = \tilde{Q}^*$$

の関係にある。

　実は、このような特徴を有する行列をエルミート (Hermite) という数学者がすでに研究しており、エルミート行列 (Hermitian matrix) と呼ばれていた。

　この行列が電子の位置を示すものとしてハイゼンベルグは先へ進んだが、位置が行列として表現できるのであれば、電子に働く力や、運動量、エネルギーなどは位置の関数であるから、すべてが行列になる。つまり、電子の運動を記述する新しい学問においては、あらゆる物理量はエルミート行列によって表現されることになる。これが量子力学が行列力学 (matrix mechanics) と呼ばれる由縁である。

　さらに、この行列を眺めると、いろいろなことが分かる。例えば、ほとんどの行列要素は、時間に依存する項 (time dependent term)、つまり $\exp(i\omega t)$ の項を含んでいるので、電子の運動が時間変化することを示しているが、唯一対角要素 (diagonal element) だけは事情が異なる。対角要素の時間依存

項は

$$q_{nn}(t) = Q(n,n)\exp(i\omega_{nn}t)$$

で分かるように、ω_{nn} であるが、これは n 軌道から n 軌道への遷移に対応している。つまり、電子が遷移しないということなので、光を放出しない。よって、$\omega_{nn} = 0$ となり、時間依存項は $\exp(i\omega_{nn}t) = \exp(0) = 1$ となって消えてしまうのである。

つまり、系が時間依存のない状態 (time independent state)（平衡状態 (equilibrium state)）にあるのは、行列の対角要素以外がすべて 0 の場合である。ここで、行列で習った対角化 (diagonalization) という操作が重要になる。

5.7. エルミート行列の対角化

ところで、第 4 章で紹介したように、行列はベクトルを変換する役目をする。いま、考えた行列は、電子の遷移に対応した項が要素となっている。よって、変換されるベクトルは電子の運動を示す関数ということになる。ここで、ある周波数 ν (角速度 $\omega = 2\pi\nu$) で運動している電子の関数は

$$\psi(t) = a_1\exp(i\omega t) + a_2\exp(i2\omega t) + a_3\exp(i3\omega t) + ... + a_n\exp(in\omega t) + ...$$

のように、基本振動数（波数）の整数倍の波の重ね合せで表現することができる。これは、すでに紹介したように無限次元ベクトルとみることができる。ここで、この電子の波のベクトルに先ほどの行列を作用させると、第 4 章で見たように、行列は 1 次変換 (linear transformation) という機能を持っており、新しい電子の波のベクトルに変換されることになる。

しかし、任意の電子の波を、この行列で変換しただけでは、何の意味もない。ここで、固有値と固有ベクトルの概念が重要となる。先ほどの行列はある原子から出てくるスペクトルをもとに構築されたものである。つまり、その情報を含んだ行列である。その行列の固有ベクトルを求めれば、このベクトルは行列に対応した変換によって、別のベクトルには変換されない。逆の視点で考えれば、固有ベクトルは、行列で与えられた条件下で、

存在が許されるベクトルということを意味している。ベクトルは関数であるから、固有ベクトル、つまり固有関数は、行列で規定された条件で存在できる電子の波の関数（波動関数）を示していることになる。

つまり、物理量を規定するエルミート行列($\tilde{A}$)が与えられたときに、その固有ベクトル ($\vec{\psi}$)を求めると、それが、この行列が規定する条件下での電子の運動を表現する関数ということになる。関数という視点に立てば、行列は演算子 (operator) と見ることもでき、エルミート演算子という呼び方もある。

$$\tilde{A}\vec{\psi} = \lambda \vec{\psi}$$

ここで、エルミート行列を対角化すると、その対角成分は固有値 (λ)となるが、その意味について考えてみよう。行列は、ある物理量を規定する条件がつまったものと考えられる。この時、対角要素以外が 0 となるということは、変動遷移成分がないということであるから、定常状態に対応している。量子力学では、固有値が（行列に対応した）ある物理量の期待値（実際の測定にかかる物理量: observable と呼ばれる）に対応するということが知られている。

よって、エルミート行列の固有ベクトルを求め、対角化することは量子力学では重要な数学的操作ということになる。この対角化をユニタリー変換 (unitary transformation) という。この理由は、数学的にエルミート行列 ($\tilde{A}$)は、ユニタリー行列 ($\tilde{U}$) によって対角化できることが知られているからである。つまり

$$\tilde{U}\tilde{A}\tilde{U}^{-1}$$

の操作を行うと、対角化が可能である。ところでユニタリー変換というと大袈裟に聞こえるが、具体的な操作としては、第 4 章で紹介した対角化の操作とまったく変わらない。この操作を行うと、できる行列($\tilde{U}$)が、数学的にはユニタリー行列と呼ばれる特徴を有するので、こう呼ばれているだけである。

具体例でみた方が分かりやすいので、実際にエルミート行列の対角化を

行ってみよう。

$$\widetilde{A} = \begin{pmatrix} 2 & i \\ -i & 2 \end{pmatrix}$$

は、転置行列の複素共役がもとの行列になるので、エルミート行列である。

$${}^t\widetilde{A} = \begin{pmatrix} 2 & -i \\ i & 2 \end{pmatrix} \qquad {}^t\widetilde{A}^* = \begin{pmatrix} 2 & i \\ -i & 2 \end{pmatrix} = \widetilde{A}$$

ここで、第4章で行った対角化の手法にしたがって操作を行ってみよう。まず、固有値 (λ) を求めるために、固有方程式をつくる。

$$\det(\lambda \widetilde{E} - \widetilde{A}) = \begin{vmatrix} \lambda - 2 & -i \\ i & \lambda - 2 \end{vmatrix} = (\lambda - 2)^2 - (-i)i = (\lambda - 2)^2 - 1$$

$$= \{(\lambda - 2) + 1\}\{(\lambda - 2) - 1\} = (\lambda - 1)(\lambda - 3) = 0$$

よって、固有値は 1 と 3 となる。つぎに、それぞれに対応した固有ベクトルを求めてみよう。まず固有値 1 に対しては

$$\widetilde{A}\vec{x} = \begin{pmatrix} 2 & i \\ -i & 2 \end{pmatrix}\begin{pmatrix} x_1 \\ x_2 \end{pmatrix} = \begin{pmatrix} 2x_1 + ix_2 \\ -ix_1 + 2x_2 \end{pmatrix} = 1\vec{x} = \begin{pmatrix} x_1 \\ x_2 \end{pmatrix}$$

固有ベクトルが満足すべき条件は

$$\begin{pmatrix} 2x_1 + ix_2 \\ -ix_1 + 2x_2 \end{pmatrix} = \begin{pmatrix} x_1 \\ x_2 \end{pmatrix} \qquad \begin{cases} x_1 + ix_2 = 0 \\ -ix_1 + x_2 = 0 \end{cases}$$

となる。任意の定数を t とおくと、固有ベクトルは

$$\vec{x} = \begin{pmatrix} x_1 \\ x_2 \end{pmatrix} = t\begin{pmatrix} 1 \\ i \end{pmatrix}$$

と与えられる。ここで、第 4 章では行わなかったが、これを正規化 (normalization) する。すると

$$\vec{e}_x = \frac{\vec{x}}{|\vec{x}|} = \frac{1}{\sqrt{1^2 + i(-i)}} \begin{pmatrix} 1 \\ i \end{pmatrix} = \frac{1}{\sqrt{2}} \begin{pmatrix} 1 \\ i \end{pmatrix}$$

が固有ベクトルとして得られる。つぎに、同様に、固有値 3 に対する固有ベクトルを求めよう。

$$\widetilde{A}\vec{y} = \begin{pmatrix} 2 & i \\ -i & 2 \end{pmatrix}\begin{pmatrix} y_1 \\ y_2 \end{pmatrix} = \begin{pmatrix} 2y_1 + iy_2 \\ -iy_1 + 2y_2 \end{pmatrix} = 3\vec{y} = \begin{pmatrix} 3y_1 \\ 3y_2 \end{pmatrix}$$

よって固有ベクトルの満足すべき条件は

$$\begin{pmatrix} 2y_1 + iy_2 \\ -iy_1 + 2y_2 \end{pmatrix} = \begin{pmatrix} 3y_1 \\ 3y_2 \end{pmatrix} \qquad \begin{cases} -y_1 + iy_2 = 0 \\ -iy_1 - y_2 = 0 \end{cases}$$

となり、任意の定数を k とおくと、固有ベクトルは

$$\vec{y} = \begin{pmatrix} y_1 \\ y_2 \end{pmatrix} = k\begin{pmatrix} i \\ 1 \end{pmatrix}$$

と与えられる。ふたたび正規化ベクトルを選ぶと

$$\vec{e}_y = \frac{\vec{y}}{|\vec{y}|} = \frac{1}{\sqrt{i(-i) + 1^2}} \begin{pmatrix} i \\ 1 \end{pmatrix} = \frac{1}{\sqrt{2}} \begin{pmatrix} i \\ 1 \end{pmatrix}$$

ここで、固有ベクトルから行列をつくると

$$\widetilde{U} = \begin{pmatrix} \vec{e}_x & \vec{e}_y \end{pmatrix} = \frac{1}{\sqrt{2}} \begin{pmatrix} 1 & i \\ i & 1 \end{pmatrix}$$

この逆行列 (inverse matrix) を求めるために、つぎの行列の行基本変形 (elementary row operation) を行う。行った行変形操作は、各行の後ろに示している。

$$\begin{pmatrix} 1/\sqrt{2} & i/\sqrt{2} & \vdots & 1 & 0 \\ i/\sqrt{2} & 1/\sqrt{2} & \vdots & 0 & 1 \end{pmatrix}$$

$$\rightarrow \begin{pmatrix} 1 & i & \vdots & \sqrt{2} & 0 \\ i & 1 & \vdots & 0 & \sqrt{2} \end{pmatrix} \begin{matrix} r_1 \times \sqrt{2} \\ r_2 \times \sqrt{2} \end{matrix}$$

$$\rightarrow \begin{pmatrix} 1 & 0 & \vdots & \sqrt{2}/2 & -(\sqrt{2}/2)i \\ i & 1 & \vdots & 0 & \sqrt{2} \end{pmatrix} (r_1 - r_2 \times i)/2$$

$$\rightarrow \begin{pmatrix} 1 & 0 & \vdots & \sqrt{2}/2 & -(\sqrt{2}/2)i \\ 0 & 1 & \vdots & -(\sqrt{2}/2)i & \sqrt{2}/2 \end{pmatrix} r_2 - ir_1$$

よって、逆行列は

$$\tilde{U}^{-1} = \frac{1}{\sqrt{2}} \begin{pmatrix} 1 & -i \\ -i & 1 \end{pmatrix}$$

となる。ここでよく見ると、こうしてつくった逆行列は、つぎに示すように最初の行列の転置行列 (transposed matrix) の複素共役 (complex conjugate) となっていることが分かる。(2×2行列では、必ずしも明確ではないが。)

$$\tilde{U} = \frac{1}{\sqrt{2}} \begin{pmatrix} 1 & i \\ i & 1 \end{pmatrix} \quad {}^t\tilde{U} = \frac{1}{\sqrt{2}} \begin{pmatrix} 1 & i \\ i & 1 \end{pmatrix} \quad {}^t\tilde{U}^* = \frac{1}{\sqrt{2}} \begin{pmatrix} 1 & -i \\ -i & 1 \end{pmatrix} = \tilde{U}^{-1}$$

実は、この関係はエルミート行列に対しては一般に成立し、このようにしてつくった行列を専門的には、ユニタリー行列 (unitary matrix) と呼んでいる。

それでは、対角化 (diagonalization) を実際に行ってみよう。

$$\tilde{U}\tilde{A}\tilde{U}^{-1} = \frac{1}{\sqrt{2}} \begin{pmatrix} 1 & i \\ i & 1 \end{pmatrix} \begin{pmatrix} 2 & i \\ -i & 2 \end{pmatrix} \frac{1}{\sqrt{2}} \begin{pmatrix} 1 & -i \\ -i & 1 \end{pmatrix}$$

$$= \frac{1}{2} \begin{pmatrix} 1 & i \\ i & 1 \end{pmatrix} \begin{pmatrix} 3 & -i \\ -3i & 1 \end{pmatrix} = \frac{1}{2} \begin{pmatrix} 6 & 0 \\ 0 & 2 \end{pmatrix} = \begin{pmatrix} 3 & 0 \\ 0 & 1 \end{pmatrix}$$

となって、確かに対角成分は固有値となっている。このように、エルミー

第5章 量子力学と線形代数

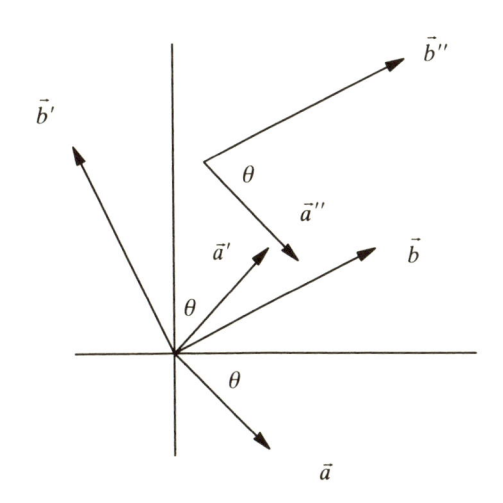

図 5-5 ユニタリー変換の模式図。線形空間において内積とノルムを変えない変換である。2次元平面に2つのベクトルを表示すると内積とノルムを変えない変換は、図のような単純な回転や平行移動、およびその組み合わせとなる。

ト行列は、ユニタリー行列によって対角化が可能である。この対角化をユニタリー変換 (unitary transformation) と呼ぶ。

第 4 章で、最後に簡単に紹介したが、エルミート行列とユニタリー行列の成分が複素数ではなく、実数であると、これらは、それぞれ対称行列と直交行列になる。つまり、線形代数でさわりを習う、対称行列の直交化はエルミート行列の実数版ということになる。

多くの場合、その意味が説明されていないので、対称行列が何の役に立つのだろうかと疑問に思うことになるが、量子力学へ進めば、それが非常に重要な概念であることを認識できるのである。

量子力学においては、物理量を与える行列は、すべてエルミート行列であるから、その対角化には否応無しにユニタリー変換が必要となる。ちなみに、先ほど紹介したように、エルミートは転置行列の複素共役がもとの行列になる（対角要素が実数であれば、対角線に沿って対称位置の要素が複素共役になっている）行列を研究した数学者の名前である。

一方、ユニタリーは unitary という用語に由来する。unit は単位あるいは 1 という意味であり、unitary はその形容詞である。実際に、ユニタリー変換というのは、ベクトル空間において、ベクトルの内積やノルムを変えない変換のことを言う。(まさに unit-ary な変換である。)

あえて例を示せば、2次元平面では、図5-5のように原点に沿った回転と平行移動の組み合わせに相当する。(複素数の無限次元関数空間での変換を簡単に図示することはできないが。)

演習 5-1 つぎのエルミート行列の固有値を求め、対角化せよ。

$$\tilde{H} = \begin{pmatrix} 0 & i & 1 \\ -i & 0 & i \\ 1 & -i & 0 \end{pmatrix}$$

解) まず、この行列がエルミートであることを確認してみよう。転置行列および、複素共役行列は

$${}^t\tilde{H} = \begin{pmatrix} 0 & -i & 1 \\ i & 0 & -i \\ 1 & i & 0 \end{pmatrix} \qquad \tilde{H}^* = \begin{pmatrix} 0 & -i & 1 \\ i & 0 & -i \\ 1 & i & 0 \end{pmatrix}$$

となって、確かに一致している。つまり、転置行列の複素共役がもとの行列になることが確かめられる。

この行列の固有値 (λ) を求めるために、つぎの固有方程式を計算する。

$$\det(\lambda \tilde{E} - \tilde{H}) = \begin{vmatrix} \lambda & -i & -1 \\ i & \lambda & -i \\ -1 & i & \lambda \end{vmatrix} = 0$$

第1行目で余因子展開すると

$$\begin{vmatrix} \lambda & -i & -1 \\ i & \lambda & -i \\ -1 & i & \lambda \end{vmatrix} = \lambda \begin{vmatrix} \lambda & -i \\ i & \lambda \end{vmatrix} - (-i) \begin{vmatrix} i & -i \\ -1 & \lambda \end{vmatrix} - 1 \begin{vmatrix} i & \lambda \\ -1 & i \end{vmatrix}$$

$$= \lambda(\lambda^2 - 1) + i(i\lambda - i) - (i^2 + \lambda)$$

$$= \lambda(\lambda^2 - 1) - (\lambda - 1) - (-1 + \lambda) = \lambda(\lambda + 1)(\lambda - 1) - 2(\lambda - 1)$$

$$= (\lambda - 1)\{\lambda(\lambda + 1) - 2\} = (\lambda - 1)^2(\lambda + 2)$$

よって、固有値は 1 と -2 になる。ここで、3 個の固有ベクトルが欲しいのに、$\lambda - 1$ の項が 2 乗となっているため、2 個の固有値しか得られない。これは固有値 $\lambda = 1$ に対応した固有ベクトルが 2 つあることを示している。このような状態を専門的には、縮退 (degeneracy) と呼んでいる。しかし、線形代数で縮退と言われても何のことか分からない。

これは量子力学では、ひとつの物理量に 2 個の電子が存在することに対応する。例えば、固有値がエネルギーであれば、同じエネルギーを有する電子が 2 個存在する状態に対応する。よって、このことを縮退と呼ぶのである。これも、量子力学を学んで、はじめてなるほどと納得する事項である。

それでは、固有値 1 に対応した固有ベクトル を求めてみよう。

$$\tilde{H}\vec{x} = \begin{pmatrix} 0 & i & 1 \\ -i & 0 & i \\ 1 & -i & 0 \end{pmatrix} \begin{pmatrix} x_1 \\ x_2 \\ x_3 \end{pmatrix} = \begin{pmatrix} x_2 i + x_3 \\ -x_1 i + x_3 i \\ x_1 - x_2 i \end{pmatrix} = 1\vec{x} = \begin{pmatrix} x_1 \\ x_2 \\ x_3 \end{pmatrix}$$

よって、満足すべき条件は

$$\begin{pmatrix} x_2 i + x_3 \\ -x_1 i + x_3 i \\ x_1 - x_2 i \end{pmatrix} = \begin{pmatrix} x_1 \\ x_2 \\ x_3 \end{pmatrix} \quad \begin{cases} x_1 - x_2 i - x_3 = 0 \\ x_1 i + x_2 - x_3 i = 0 \\ x_1 - x_2 i - x_3 = 0 \end{cases}$$

となる。ここで、これらの式は $x_1 - x_2 i - x_3 = 0$ という関係に還元される。よって、任意の定数を u とおくと、例えば

$$\vec{x} = u \begin{pmatrix} 1 \\ 0 \\ 1 \end{pmatrix}$$

を固有ベクトルとして選ぶことができる。このベクトルを正規化すると

$$\vec{e}_x = \frac{\vec{x}}{|\vec{x}|} = \frac{1}{\sqrt{1^2+1^2}}\begin{pmatrix}1\\0\\1\end{pmatrix} = \frac{1}{\sqrt{2}}\begin{pmatrix}1\\0\\1\end{pmatrix}$$

つぎに、同じ固有値を有する固有ベクトルとして、この基底ベクトルと直交して上の関係式を満たすベクトル $\vec{y}$ を探す必要がある。ここで

$$\vec{e}_x \cdot \vec{y} = \frac{1}{\sqrt{2}}\begin{pmatrix}1\\0\\1\end{pmatrix}(y_1 \quad y_2 \quad y_3) = \frac{1}{\sqrt{2}}(y_1+y_3) = 0$$

という条件から $y_1 = -y_3$ となるので

$$y_1 - y_2 i - y_3 = 0 \qquad 2y_1 - y_2 i = 0$$

よって、$\vec{y}$ として

$$\vec{y} = u\begin{pmatrix}1\\-2i\\-1\end{pmatrix}$$

を選ぶことができる。正規化すると

$$\vec{e}_y = \frac{\vec{y}}{|\vec{y}|} = \frac{1}{\sqrt{1^2+(-2i)2i+(-1)^2}}\begin{pmatrix}1\\-2i\\-1\end{pmatrix} = \frac{1}{\sqrt{6}}\begin{pmatrix}1\\-2i\\-1\end{pmatrix}$$

つぎに

$$\tilde{H}\vec{z} = \begin{pmatrix}0 & i & 1\\-i & 0 & i\\1 & -i & 0\end{pmatrix}\begin{pmatrix}z_1\\z_2\\z_3\end{pmatrix} = \begin{pmatrix}z_2 i + z_3\\-z_1 i + z_3 i\\z_1 - z_2 i\end{pmatrix} = -2\vec{z} = \begin{pmatrix}-2z_1\\-2z_2\\-2z_3\end{pmatrix}$$

よって、このベクトルが満足すべき条件は

第 5 章　量子力学と線形代数

$$\begin{pmatrix} z_2 i + z_3 \\ -z_1 i + z_3 i \\ z_1 - z_2 i \end{pmatrix} = \begin{pmatrix} -2z_1 \\ -2z_2 \\ -2z_3 \end{pmatrix} \quad \begin{cases} 2z_1 + z_2 i + z_3 = 0 \\ z_1 i - 2z_2 - z_3 i = 0 \\ z_1 - z_2 i + 2z_3 = 0 \end{cases}$$

で与えられる。よって任意の定数を t とおくと

$$\vec{z} = t \begin{pmatrix} 1 \\ i \\ -1 \end{pmatrix}$$

が固有ベクトルとして得られる。これを正規化すると

$$\vec{e}_z = \frac{\vec{z}}{|\vec{z}|} = \frac{1}{\sqrt{1^2 + i(-i) + (-1)^2}} \begin{pmatrix} 1 \\ i \\ -1 \end{pmatrix} = \frac{1}{\sqrt{3}} \begin{pmatrix} 1 \\ i \\ -1 \end{pmatrix}$$

よって、ユニタリー行列は

$$\tilde{U} = \begin{pmatrix} \vec{e}_x & \vec{e}_y & \vec{e}_z \end{pmatrix} = \begin{pmatrix} 1/\sqrt{2} & 1/\sqrt{6} & 1/\sqrt{3} \\ 0 & -2i/\sqrt{6} & i/\sqrt{3} \\ 1/\sqrt{2} & -1/\sqrt{6} & -1/\sqrt{3} \end{pmatrix}$$

つぎにこの行列の逆行列を見つけてみよう。少々手間がかかるが、地道に操作を行ってみる。

$$\begin{pmatrix} 1/\sqrt{2} & 1/\sqrt{6} & 1/\sqrt{3} & 1 & 0 & 0 \\ 0 & -2i/\sqrt{6} & i/\sqrt{3} & 0 & 1 & 0 \\ 1/\sqrt{2} & -1/\sqrt{6} & -1/\sqrt{3} & 0 & 0 & 1 \end{pmatrix}$$

まず、行基本変形によって、左の 3 行 3 列を単位行列に変換する。

$$\rightarrow \begin{pmatrix} 1/\sqrt{2} & 1/\sqrt{6} & 1/\sqrt{3} & 1 & 0 & 0 \\ 0 & -2i/\sqrt{6} & i/\sqrt{3} & 0 & 1 & 0 \\ 0 & -2/\sqrt{6} & -2/\sqrt{3} & -1 & 0 & 1 \end{pmatrix} r_3 - r_1$$

$$\to \begin{pmatrix} 1 & 1/\sqrt{3} & \sqrt{2}/\sqrt{3} & \sqrt{2} & 0 & 0 \\ 0 & -2i & \sqrt{2}i & 0 & \sqrt{6} & 0 \\ 0 & -2 & -2\sqrt{2} & -\sqrt{6} & 0 & \sqrt{6} \end{pmatrix} \begin{matrix} r_1 \times \sqrt{2} \\ r_2 \times \sqrt{6} \\ r_3 \times \sqrt{6} \end{matrix}$$

$$\to \begin{pmatrix} 1 & 0 & 0 & 1/\sqrt{2} & 0 & 1/\sqrt{2} \\ 0 & -2i & \sqrt{2}i & 0 & \sqrt{6} & 0 \\ 0 & -2 & -2\sqrt{2} & -\sqrt{6} & 0 & \sqrt{6} \end{pmatrix} r_1 + r_3 \times (1/2\sqrt{3})$$

$$\to \begin{pmatrix} 1 & 0 & 0 & 1/\sqrt{2} & 0 & 1/\sqrt{2} \\ 0 & 1 & -1/\sqrt{2} & 0 & \sqrt{6}i/2 & 0 \\ 0 & 1 & \sqrt{2} & \sqrt{6}/2 & 0 & -\sqrt{6}/2 \end{pmatrix} \begin{matrix} r_2/(-2i) \\ r_3/(-2) \end{matrix}$$

$$\to \begin{pmatrix} 1 & 0 & 0 & 1/\sqrt{2} & 0 & 1/\sqrt{2} \\ 0 & 1 & -1/\sqrt{2} & 0 & \sqrt{6}i/2 & 0 \\ 0 & 0 & 3/\sqrt{2} & \sqrt{6}/2 & -\sqrt{6}i/2 & -\sqrt{6}/2 \end{pmatrix} r_3 - r_2$$

$$\to \begin{pmatrix} 1 & 0 & 0 & 1/\sqrt{2} & 0 & 1/\sqrt{2} \\ 0 & 1 & -1/\sqrt{2} & 0 & \sqrt{6}i/2 & 0 \\ 0 & 0 & 1 & 1/\sqrt{3} & -i/\sqrt{3} & -1/\sqrt{3} \end{pmatrix} r_3 \times (\sqrt{2}/3)$$

$$\to \begin{pmatrix} 1 & 0 & 0 & 1/\sqrt{2} & 0 & 1/\sqrt{2} \\ 0 & 1 & 0 & 1/\sqrt{6} & 2i/\sqrt{6} & -1/\sqrt{6} \\ 0 & 0 & 1 & 1/\sqrt{3} & -i/\sqrt{3} & -1/\sqrt{3} \end{pmatrix} r_2 + r_3 \times (1/\sqrt{2})$$

よって、逆行列は

$$\tilde{U}^{-1} = \begin{pmatrix} 1/\sqrt{2} & 0 & 1/\sqrt{2} \\ 1/\sqrt{6} & 2i/\sqrt{6} & -1/\sqrt{6} \\ 1/\sqrt{3} & -i/\sqrt{3} & -1/\sqrt{3} \end{pmatrix}$$

と与えられる。ここで、先ほど紹介したユニタリー行列の性質を確認してみよう。

第 5 章　量子力学と線形代数

$$\tilde{U} = \begin{pmatrix} 1/\sqrt{2} & 1/\sqrt{6} & 1/\sqrt{3} \\ 0 & -2i/\sqrt{6} & i/\sqrt{3} \\ 1/\sqrt{2} & -1/\sqrt{6} & -1/\sqrt{3} \end{pmatrix} \quad {}^t\tilde{U} = \begin{pmatrix} 1/\sqrt{2} & 0 & 1/\sqrt{2} \\ 1/\sqrt{6} & -2i/\sqrt{6} & -1/\sqrt{6} \\ 1/\sqrt{3} & i/\sqrt{3} & -1/\sqrt{3} \end{pmatrix}$$

$$ {}^t\tilde{U}^* = \begin{pmatrix} 1/\sqrt{2} & 0 & 1/\sqrt{2} \\ 1/\sqrt{6} & 2i/\sqrt{6} & -1/\sqrt{6} \\ 1/\sqrt{3} & -i/\sqrt{3} & -1/\sqrt{3} \end{pmatrix} = \tilde{U}^{-1}$$

確かに、転置行列の複素共役が逆行列となっていることが分かる。このように、ユニタリー行列であることが分かっていれば、逆行列は、何も行基本変形の手間をかけなくとも、簡単な操作で求めることができる。

それでは、最後に対角化をおこなってみよう。

$$\tilde{U}^{-1}\tilde{H}\tilde{U} = \begin{pmatrix} 1/\sqrt{2} & 0 & 1/\sqrt{2} \\ 1/\sqrt{6} & 2i/\sqrt{6} & -1/\sqrt{6} \\ 1/\sqrt{3} & -i/\sqrt{3} & -1/\sqrt{3} \end{pmatrix} \begin{pmatrix} 0 & i & 1 \\ -i & 0 & i \\ 1 & -i & 0 \end{pmatrix} \begin{pmatrix} 1/\sqrt{2} & 1/\sqrt{6} & 1/\sqrt{3} \\ 0 & -2i/\sqrt{6} & i/\sqrt{3} \\ 1/\sqrt{2} & -1/\sqrt{6} & -1/\sqrt{3} \end{pmatrix}$$

まず、右の 2 つの行列のかけ算を実行すると

$$\begin{pmatrix} 0 & i & 1 \\ -i & 0 & i \\ 1 & -i & 0 \end{pmatrix} \begin{pmatrix} 1/\sqrt{2} & 1/\sqrt{6} & 1/\sqrt{3} \\ 0 & -2i/\sqrt{6} & i/\sqrt{3} \\ 1/\sqrt{2} & -1/\sqrt{6} & -1/\sqrt{3} \end{pmatrix} = \begin{pmatrix} 1/\sqrt{2} & 1/\sqrt{6} & -2/\sqrt{3} \\ 0 & -2i/\sqrt{6} & -2i/\sqrt{3} \\ 1/\sqrt{2} & -1/\sqrt{6} & 2/\sqrt{3} \end{pmatrix}$$

これに左の行列をかけると

$$\begin{pmatrix} 1/\sqrt{2} & 0 & 1/\sqrt{2} \\ 1/\sqrt{6} & 2i/\sqrt{6} & -1/\sqrt{6} \\ 1/\sqrt{3} & -i/\sqrt{3} & -1/\sqrt{3} \end{pmatrix} \begin{pmatrix} 1/\sqrt{2} & 1/\sqrt{6} & -2/\sqrt{3} \\ 0 & -2i/\sqrt{6} & -2i/\sqrt{3} \\ 1/\sqrt{2} & -1/\sqrt{6} & 2/\sqrt{3} \end{pmatrix} = \begin{pmatrix} 1 & 0 & 0 \\ 0 & 1 & 0 \\ 0 & 0 & -2 \end{pmatrix}$$

となって、対角化できるうえ、対角成分が固有値になっている。

5.8. 行列の非可換性

行列と量子力学との関係において、非常に重要であるのは、行列のかけ算が非可換 (non-commutative) であるという事実である。行列の演算において

$$\tilde{A}\tilde{B} \neq \tilde{B}\tilde{A}$$

ということを学ぶと、ベクトルの内積では可換であったものが、どうして行列ではだめなのかという印象を持つ。というのも、行列のかけ算はベクトル内積のルールを準用しているからである。

しかし、この事実が（いまでも反対論者はいるが）不確定性原理 (uncertainty principle) と呼ばれる量子力学の基礎的な考え方のもとになったのである。これを簡単に紹介しよう。

行列はベクトルを1次変換する機能を持っている。量子力学においては、電子の状態を記述する行列があって、この行列の固有ベクトル（固有関数）として安定に存在しうる電子の運動（波動関数）が決まる。すでに紹介したように、ハイゼンベルグは、物理の常識を撃ち破るかたちで、電子の位置 ($q(t)$) に相当する行列を考え出した。電子の位置が行列で表現されるならば、ほとんどの物理量は位置の関数であるから、すべて行列（しかもエルミート行列）というかたちで表現されることになってしまう。これが、量子力学が行列力学と呼ばれる由縁である。

このとき、ハイゼンベルグは行列のかけ算も当然行なったが、その中で行列によっては、そのかけ算が可換とはならないことに気づいた。（行列の定義から言えば、非可換である方が当たり前であるのだが。）

そして、より詳しい情報を得るために、可換でないならば、どの程度の差があるのかということを計算したのである。その結果、運動量と位置を表す行列を $\tilde{P}$ と $\tilde{X}$ とすると

$$\tilde{P}\tilde{X} - \tilde{X}\tilde{P} = \frac{h}{2\pi i}\tilde{E} = -i\hbar\tilde{E}$$

という結果が得られたのである。

この行列が非可換という事実は、その後、「電子の位置と速度を同時に決めることはできない」というハイゼンベルグの不確定性原理へと発展する。たとえば、現在よく使われるかたちでは

$$\Delta x \Delta p \geq \frac{\hbar}{2}$$

という不等式であらわされる。

しかし、そんなばかなことがあるかという反対論も巻き起こり、物理学者だけではなく、哲学者をも巻き込んだ論争へと発展する。

現在では、(いまだ反対論者はいるものの) 不確定性原理は正しいものと認識されている。例えば、液体ヘリウム (liquid helium) が絶対零度でも凍らないのは、量子の不確定性によるものと考えられている。つまり、ヘリウム原子の凝集エネルギー (condensation energy) が小さいために、不確定原理によるゆらぎ (fluctuation) の影響で液体のままでいると考えられるのである。このため、ヘリウムを量子液体 (quantum liquid) と呼ぶこともある。

このように、行列が有する性質が物理の本質にまで影響を与えている事実は興味深い。ここで、せっかくの機会であるので、行列と固有ベクトルという立場から、非可換性 (non-commutativity) について考察してみよう。いま、2つの行列が同じ固有ベクトルを有すると仮定しよう。すると

$$\widetilde{A}\vec{\psi} = \lambda_1 \vec{\psi} \qquad \widetilde{B}\vec{\psi} = \lambda_2 \vec{\psi}$$

と書くことができる。いま、この固有ベクトルにこれら行列をかけると

$$\widetilde{A}\widetilde{B}\vec{\psi} = \widetilde{A}(\lambda_2 \vec{\psi}) = \lambda_2 \widetilde{A}\vec{\psi} = \lambda_1 \lambda_2 \vec{\psi}$$

$$\widetilde{B}\widetilde{A}\vec{\psi} = \widetilde{B}(\lambda_1 \vec{\psi}) = \lambda_1 \widetilde{B}\vec{\psi} = \lambda_1 \lambda_2 \vec{\psi}$$

となって、ふたつの行列は可換ということになる。

つまり、行列が非可換であるということは、おなじ固有ベクトルを持たないということを意味している。これは、同時に同じ電子状態 (固有ベクトル) を共有できないことを示しており、これら行列に対応した物理量は

両方同時に決めることはできないという結論につながるのである。

不確定性原理については、いまだに納得していないひとも多いので、その正当性を頑固に主張しようとは思わないが、数学的な取り扱いによって、物理の基本的な考えが得られたという事実は非常に興味深いことを指摘しておきたい。

補遺 5-1　級数展開とオイラーの公式

一般の関数はつぎのように級数展開が可能である。

$$f(x) = f(0) + f'(0)x + \frac{1}{2!}f''(0)x^2 + \frac{1}{3!}f'''(0)x^3 + \ldots + \frac{1}{n!}f^{(n)}(0)x^n + \ldots$$

まず、指数関数 (exponential function) e^x の級数展開を行ってみよう。指数関数では

$$\frac{df(x)}{dx} = \frac{de^x}{dx} = e^x = f(x) \qquad \frac{d^2f(x)}{dx^2} = \frac{d}{dx}\left(\frac{df(x)}{dx}\right) = \frac{de^x}{dx} = e^x$$

となって、$f^{(n)}(x) = e^x$ と簡単になる。ここで、$x = 0$ を代入すると、すべての係数が $f^{(n)}(0) = e^0 = 1$ となる。よって、e^x の展開式は

$$e^x = 1 + x + \frac{1}{2!}x^2 + \frac{1}{3!}x^3 + \frac{1}{4!}x^4 + \ldots + \frac{1}{n!}x^n + \ldots$$

と与えられる。

つぎに、三角関数 (trigonometric function) の級数展開を試みる。まず $f(x) = \sin x$ を考える。この場合

$$f'(x) = \cos x \quad f''(x) = -\sin x \quad f'''(x) = -\cos x$$
$$f^{(4)}(x) = \sin x \quad f^{(5)}(x) = \cos x \quad f^{(6)}(x) = -\sin x$$

となり、4回微分するともとに戻る。その後、順次同じサイクルを繰り返す。

ここで、sin 0 = 0, cos 0 = 1 であるから、

$$\sin x = x - \frac{1}{3!}x^3 + \frac{1}{5!}x^5 - \frac{1}{7!}x^7 + ... + (-1)^n \frac{1}{(2n+1)!} x^{2n+1} + ...$$

と展開できることになる。次に $f(x) = \cos x$ の時

$$f'(x) = -\sin x \quad f''(x) = -\cos x \quad f'''(x) = \sin x$$
$$f^{(4)}(x) = \cos x \quad f^{(5)}(x) = -\sin x \quad f^{(6)}(x) = -\cos x$$

ここで、sin 0 = 0, cos 0 = 1 であるから、

$$\cos x = 1 - \frac{1}{2!}x^2 + \frac{1}{4!}x^4 - \frac{1}{6!}x^6 + ... + (-1)^n \frac{1}{(2n)!} x^{2n} + ...$$

となる。

　ここで、オイラーの関係がどうして成立するかを考えてみよう。あらためて e^x の展開式と $\sin x, \cos x$ の展開式を並べて示すと

$$e^x = 1 + x + \frac{1}{2!}x^2 + \frac{1}{3!}x^3 + \frac{1}{4!}x^4 + \frac{1}{5!}x^5 + ... + \frac{1}{n!}x^n + ...$$

$$\sin x = x - \frac{1}{3!}x^3 + \frac{1}{5!}x^5 - \frac{1}{7!}x^7 + ... + (-1)^n \frac{1}{(2n+1)!} x^{2n+1} + ...$$

$$\cos x = 1 - \frac{1}{2!}x^2 + \frac{1}{4!}x^4 - \frac{1}{6!}x^6 + ... + (-1)^n \frac{1}{(2n)!} x^{2n} + ...$$

となる。

　これら展開式を見ると、e^x は $\sin x, \cos x$ の展開式によく似ていることが分かる。惜しむらくは sine cosine では $(-1)^n$ の係数により符号が順次反転するので、単純にこれらを関係づけることができない。せっかく、うまい関係を築けそうなのに、いま一歩でそれができない。

　ところが、ここで虚数(i)を使うと、この三者がみごとに連結されるのである。

　指数関数の展開式に $x = ix$ を代入してみる。すると

$$e^{ix} = 1 + ix + \frac{1}{2!}(ix)^2 + \frac{1}{3!}(ix)^3 + \frac{1}{4!}(ix)^4 + \frac{1}{5!}(ix)^5 + ... + \frac{1}{n!}(ix)^n + ...$$
$$= 1 + ix - \frac{1}{2!}x^2 - \frac{i}{3!}x^3 + \frac{1}{4!}x^4 + \frac{i}{5!}x^5 - \frac{1}{6!}x^6 - \frac{i}{7!}x^7 + ...$$

と計算できる。この実数部 (real part) と虚数部 (imaginary part) を取り出すと、実部は

$$1 - \frac{1}{2!}x^2 + \frac{1}{4!}x^4 - \frac{1}{6!}x^6 + ... + (-1)^n \frac{1}{(2n)!}x^{2n} + ...$$

であるから、まさに $\cos x$ の展開式となっている。一方、虚数部は

$$x - \frac{1}{3!}x^3 + \frac{1}{5!}x^5 - \frac{1}{7!}x^7 + ... + (-1)^n \frac{1}{(2n+1)!}x^{2n+1} + ...$$

となっており、まさに $\sin x$ の展開式である。よって

$$e^{ix} = \cos x + i \sin x$$

という関係が得られることが分かる。

　これがオイラーの公式である。実数では何か密接な関係がありそうだということは分かっていても、関係づけることが難しかった指数関数と三角関数が、虚数を導入することで見事に結びつけることが可能となったのである。
　また、オイラーの公式から

$$e^{ix} = \cos x + i \sin x \qquad e^{-ix} = \cos x - i \sin x$$

となる。両辺の和と差をとると

$$e^{ix} + e^{-ix} = 2\cos x \qquad e^{ix} - e^{-ix} = 2i \sin x$$

となって、これを整理すれば $\sin x, \cos x$ のつぎの重要な表式が得られる。

第 5 章　量子力学と線形代数

$$\cos x = \frac{e^{ix} + e^{-ix}}{2} \qquad \sin x = \frac{e^{ix} - e^{-ix}}{2i}$$

補遺 5-2　関数の内積

ベクトルの内積と同様なものとして、2 つの関数 f(x) および g(x) の内積を

$$(f, g) = \int_a^b f(x)g(x)dx$$

のように積分で定義する。関数の内積が、どうしてこのような定義でよいのかを少し考えてみよう。

まず、内積に関して、関数系で重要なポイントが 2 つある。ひとつは、内積 0 が直交の条件となっている点である。たとえば、2 つのベクトルの内積が 0 の場合には、これらベクトルは直交している。つまり

$$\vec{a} \cdot \vec{b} = 0 \quad \text{のとき} \quad \vec{a} \perp \vec{b}$$

となる。関数系においても、この内積に相当する積分の値が 0 の場合には関数が直交している。これが重要なポイントである。ただし、ここで言う直交はベクトルの場合のように、ベクトルどうしが直角に交わるという描像とは必ずしも一致しないことに注意する必要はある。

実は、ベクトルにおいてさえも、直交ということが直感的に分かるのは、2 次元ベクトルと 3 次元ベクトルの場合のみである。これらベクトルで、内積が 0 となる場合は、実際の図面（平面および空間）で、ベクトルどうしが確かに直交する。ところが、4 次元ベクトル以上ではベクトルそのものを図示することができない。よって、内積が 0 ということを足掛かりにして、直交というものを理解するしかないのである。

ただし、2 次元ベクトルや 3 次元ベクトルと同様の考えで、4 次元以上のベクトルに内積 0 が直交の条件ということを持ち込めば、確かに互いに直交するベクトル 4 つで 4 次元空間のベクトルをすべて表現することができ

る。この考えは n 次元ベクトル空間にもそのまま適用できる。

つまり、内積 0 が直交条件ということを利用して、n 次元空間を網羅するために必要な n 個の基本ベクトルを決めることができるのである。関数においても、内積が 0 となる関数の組み合わせで、その関数空間を網羅できる基本関数を決めることができる。

ここで、ベクトル空間では、基本ベクトルの大きさがすべて 1 であれば、より取り扱いが簡単となることを紹介した。ここで、つぎに大事なポイントは、ベクトルの大きさは、それ自身の内積の平方根となるという事実である。つまりベクトルの場合

$$|\vec{a}| = \sqrt{\vec{a} \cdot \vec{a}}$$

の関係にある。よって、ある基本ベクトルが分かれば

$$\vec{e}_a = \frac{\vec{a}}{|\vec{a}|} = \frac{\vec{a}}{\sqrt{\vec{a} \cdot \vec{a}}}$$

の操作によって、大きさが 1 の基本ベクトルを即座につくることができる。実は、関数においても、それ自身の内積は、その大きさの 2 乗となる。つまり

$$(f, f) = \int_a^b f(x) f(x) dx = \int_a^b f^2(x) dx$$

であり

$$|f(x)| = \sqrt{(f, f)} = \sqrt{\int_a^b f^2(x) dx}$$

となる。

要約すると、ベクトルの内積とのアナロジーでは、関数系においても、直交関係が内積 0 で得られるということと、関数の大きさ（ノルムと呼ぶ）が、関数自身の内積の平方根となるという 2 つの点が重要である。

第5章　量子力学と線形代数

　それでは、関数の内積について実際にベクトルとの対比を行ってみよう。任意の3次元ベクトルは

$$\vec{b} = a_x \vec{e}_x + a_y \vec{e}_y + a_z \vec{e}_z = a_x \begin{pmatrix} 1 \\ 0 \\ 0 \end{pmatrix} + a_y \begin{pmatrix} 0 \\ 1 \\ 0 \end{pmatrix} + a_z \begin{pmatrix} 0 \\ 0 \\ 1 \end{pmatrix}$$

で与えられる。ここで $\vec{b}$ と $\vec{e}_x$ の内積をとると

$$\vec{b} \cdot \vec{e}_x = a_x \vec{e}_x \cdot \vec{e}_x + a_y \vec{e}_y \cdot \vec{e}_x + a_z \vec{e}_z \cdot \vec{e}_x = a_x$$

というように、基本ベクトルの直交関係のおかげで、x 成分の係数を取り出すことができる。

　まったく同様のことが関数でも言える。いま、3つの関数 $f_1(x), f_2(x), f_3(x)$ があり

$$\int_a^b f_1(x) f_2(x) dx = 0 \quad \int_a^b f_2(x) f_3(x) dx = 0 \quad \int_a^b f_3(x) f_1(x) dx = 0$$

の関係にあるとしよう。これは、関数の内積が互いに 0、つまり直交しているということを示している。いま任意の関数 $F(x)$ が

$$F(x) = a_1 f_1(x) + a_2 f_2(x) + a_3 f_3(x)$$

と書くことができるとしよう。ここで、この関数に $f_1(x)$ をかけて a から b の範囲で積分してみる。すると

$$\int_a^b F(x) f_1(x) dx = a_1 \int_a^b f_1(x) f_1(x) dx + a_2 \int_a^b f_2(x) f_1(x) dx + a_3 \int_a^b f_3(x) f_1(x) dx$$
$$= a_1 \int_a^b f_1(x) f_1(x) dx = a_1 \int_a^b f_1^2(x) dx$$

となって、うまく a_1 の項を取り出すことができる。ここでもし

$$\int_a^b f_1(x)f_1(x)dx = \int_a^b f_1^2(x)dx = 1$$

と正規化されていれば、ベクトルと同様にただちに係数 a_1 を求めることができる。正規化されていない場合には、$f_1(x)$ に

$$\frac{1}{|f_1(x)|} = \frac{1}{\sqrt{(f_1,f_1)}} = \frac{1}{\sqrt{\int_a^b f_1^2(x)dx}}$$

をかければ、正規化することができる。つまり

$$e_1(x) = \frac{f_1(x)}{\sqrt{\int_a^b f_1^2(x)dx}}$$

とおけば

$$\int_a^b e_1(x)e_1(x)dx = \int_a^b \frac{f_1(x)}{\sqrt{\int_a^b f_1^2(x)dx}} \frac{f_1(x)}{\sqrt{\int_a^b f_1^2(x)dx}} dx = \frac{1}{\int_a^b f_1^2(x)dx}\int_a^b f_1^2(x)dx = 1$$

となって、この積分値が 1 となる関数をつくることができる。同様にして

$$e_2(x) = \frac{f_2(x)}{\sqrt{\int_a^b f_2^2(x)dx}} \qquad e_3(x) = \frac{f_3(x)}{\sqrt{\int_a^b f_3^2(x)dx}}$$

で正規直交化基底をつくることができる。ここで、積分範囲については以上の関係を満足すれば、どんな範囲でも構わないが、関数系によっておのずと決まってくる。例えば、フーリエ級数で $\sin kx$ と $\cos kx$ を考えると、その範囲は $-\pi \leq x \leq \pi$（あるいは $0 \leq x \leq 2\pi$） となる。

ここで、ついでに任意の関数 $G(x)$ の内積を計算してみよう。

$$G(x) = g_1 e_1(x) + g_2 e_2(x) + g_2 e_3(x)$$

とおくと、この関数自身の内積は

$$(G,G) = \int_a^b G(x)G(x)dx = \int_a^b \left(g_1 e_1(x) + g_2 e_2(x) + g_3 e_3(x)\right)^2 dx$$

$$= \int_a^b \left(g_1 e_1(x)\right)^2 dx + \int_a^b \left(g_2 e_2(x)\right)^2 dx + \int_a^b \left(g_3 e_3(x)\right)^2 dx$$

$$+ 2\int_a^b g_1 e_1(x) g_2 e_2(x) dx + 2\int_a^b g_1 e_1(x) g_3 e_3(x) dx + 2\int_a^b g_2 e_2(x) g_3 e_3(x) dx$$

$$= g_1^2 \int_a^b \left(e_1(x)\right)^2 dx + g_2^2 \int_a^b \left(e_2(x)\right)^2 dx + g_3^2 \int_a^b \left(e_3(x)\right)^2 dx$$

$$+ 2g_1 g_2 \int_a^b e_1(x) e_2(x) dx + 2g_1 g_3 \int_a^b e_1(x) e_3(x) dx + 2g_2 g_3 \int_a^b e_2(x) e_3(x) dx$$

$$= g_1^2 + g_2^2 + g_3^2$$

となって、ベクトルの場合と同様に、成分の2乗の和となる。

最後に、ベクトルと同様に、内積を利用すると任意の関数から、正規直交基底をつくることができる。この手法をベクトルのときと同じように、グラムシュミットの正規直交化法 (Gram-Schmidt orthogonalization process) と呼んでいる。いま任意の関数 $f(x)$, $g(x)$, $h(x)$ を考える。まず $f(x)$ をつかって

$$e_1(x) = \frac{f_1(x)}{\sqrt{\int_a^b f_1^2(x)dx}}$$

を最初の正規直交基底とする。つぎに c を任意の定数として

$$g'(x) = g(x) - c e_1(x)$$

という関数をつくり、$e_1(x)$ との内積をとると

$$(e_1, g') = \int_a^b e_1(x) g'(x) dx = \int_a^b e_1(x) \{g(x) - c e_1(x)\} dx$$

$$= \int_a^b e_1(x)g(x)dx - c\int_a^b e_1^{\,2}(x)dx$$

$$= \int_a^b e_1(x)g(x)dx - c$$

ここで

$$c = \int_a^b e_1(x)g(x)dx$$

とおくと、$e_1(x)$ と $g'(x)$ は直交することになる。

$$g'(x) = g(x) - e_1(x)\int_a^b e_1(x)g(x)dx$$

ここで、さらに

$$(g',g') = \int_a^b g'(x)g'(x)dx$$

を計算して、$g'(x)$ を $\sqrt{(g',g')}$ で割れば、つぎの正規直交化基底が得られる。

つぎの基底は

$$h'(x) = h(x) - ae_1(x) - be_2(x)$$

とおいて、同様に定数 a, b を決めて、ノルムで割ればよい。

あとはベクトルで紹介した方法を順次くり返せば、n 次元の関数空間の正規直交化基底が得られる。

補遺 5-3　　$\exp(i\theta)$ $(\exp ikx)$ の物理的意味

オイラーの公式は複素平面(complex plane)で図示してみると、その幾何学的意味がよく分かる。

複素平面は、x 軸が実数軸 (real axis)、y 軸が虚数軸 (imaginary axis) の平面

第5章　量子力学と線形代数

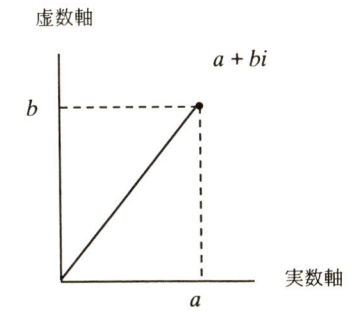

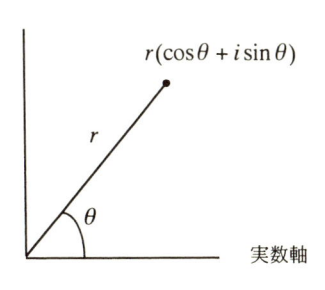

図 5A-1 複素平面においては、複素数を実数部と虚数部の座標で表す方法と、原点からの距離 (r) と、実数軸とのなす角 θ で表現する方法がある。後者の表示方法を極形式 (polar form) と呼ぶ。

である。実数は、数直線 (real number line) と呼ばれる 1 本の線ですべての数を表現できるのに対し、複素数を表現するためには、平面が必要である。この時、複素数を表現する方法として極形式 (polar form) と呼ばれる方式がある。これは、すべての複素数は

$$z = a + bi = r(\cos\theta + i\sin\theta)$$

で与えられるというものである。図 5A-1 を見れば明らかである。ここで θ は、原点からの角度 (argument)、r は原点からの距離 (modulus) であり、

$$r = |z| = \sqrt{a^2 + b^2}$$

という関係にある。ここで、複素数の絶対値 (absolute value) を求める場合、実数の場合と異なり単純に 2 乗したのでは求められない。a^2+b^2 を得るためには、$a+bi$ に虚数部の符号が反転した $a-bi$ をかける必要がある。これら複素数を共役 (complex conjugate) と呼んでいる。

ここで、極形式のかっこ内を見ると、オイラーの公式の右辺であることが分かる。つまり

$$z = r(\cos\theta + i\sin\theta) = re^{i\theta}$$

と書くこともできる。すべての複素数が、この形式で書き表される。

オイラーの公式の右辺 $\cos\theta + i\sin\theta$ について考える。これは、$r=1$ の極形式であるが、θ を変数とすると、複素平面における半径1の円に対応しており、単位円と呼ばれる。よって、$\exp(i\theta)$ は複素平面において半径1の円上の点になる。ここで、θ はこの円の原点からの偏角を示している。

この時、θ を増やすという作業は、単位円に沿って回転するということに対応している。しかも、この回転が、指数関数に着目すれば、かけ算に対応する。つまり、式であらわせば

$$e^{i(x+y)} = e^{ix} \cdot e^{iy}$$

となる。

ここで、$\theta=0$ から $\theta=\pi/2$ へ増加させるという変化は、ちょうど1に i をかけたものに相当している。式で表せば

$$e^{i(0+\frac{\pi}{2})} = e^0 \cdot e^{i\frac{\pi}{2}} = 1 \cdot i$$

となる。つまり、$\pi/2$ だけ増やす、あるいは回転するという作業は、i のかけ算に相当する。このため、i を回転演算子 (rotation operator) と呼ぶ。

次に単位円における回転に対応した重要な点が2つある。ひとつは、$\exp(i\theta)$ は、実数部をみると、図5A-2に示したように cos の波に対応しているということである。つまり、θ が増えるにしたがって、実数部は cos の波として、虚数部は sin の波として進行していく。このように、オイラーの公式は波の性質を表現するのに非常に便利な数学的表現である。さらに、その絶対値は常に1であるから、波の性質を付与しながら、その量自体には変化を与えないという特長がある。

ここで、波の性質を表現する表式としては

$$\exp(ikx) \quad \text{あるいは} \quad \exp(i\omega t)$$

という表現がより一般的である。前者は、波数 k（あるいは波長 $\lambda = 2\pi/k$）で空間的に振動している波の表現であり、後者は角速度 ω で時間的に振動している波に対応している。

第5章 量子力学と線形代数

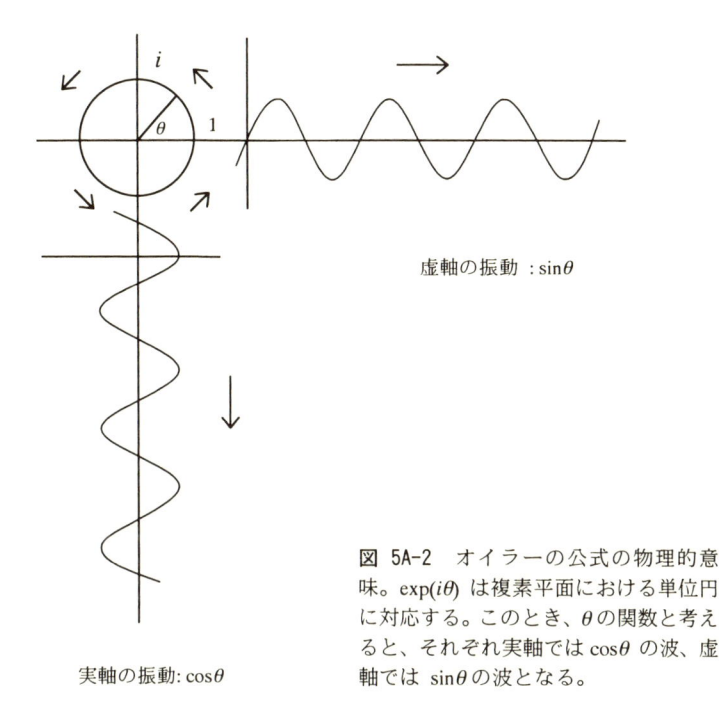

図 5A-2 オイラーの公式の物理的意味。$\exp(i\theta)$ は複素平面における単位円に対応する。このとき、θ の関数と考えると、それぞれ実軸では $\cos\theta$ の波、虚軸では $\sin\theta$ の波となる。

ついでに線形代数の紹介をしているので、最後に $\exp(i\theta)$ について、行列という視点からその役割について迫ってみる。第4章で紹介したように、行列には虚数の働きをするものがある。それは

$$\tilde{I} = \begin{pmatrix} 0 & -1 \\ 1 & 0 \end{pmatrix}$$

であった。ここで、オイラーの公式の行列版をもう一度考えてみよう。すると、単位行列を $\tilde{E}$ として

$$\exp(\tilde{I}\theta) = (\cos\theta)\tilde{E} + (\sin\theta)\tilde{I}$$

と書くことができる。実際に、行列を代入して計算してみると

$$\exp(\tilde{I}\theta) = (\cos\theta)\begin{pmatrix} 1 & 0 \\ 0 & 1 \end{pmatrix} + (\sin\theta)\begin{pmatrix} 0 & -1 \\ 1 & 0 \end{pmatrix} = \begin{pmatrix} \cos\theta & -\sin\theta \\ \sin\theta & \cos\theta \end{pmatrix}$$

となる。すでに紹介しているが、これはまさに回転行列である。つまり、$\exp(i\theta)$ は複素平面において θ の回転に対応しているが、行列でも同様の働きを確認できるのである。

補遺 5-4　光電効果とコンプトン効果

19 世紀後半には、回折現象 (diffraction) などの実験によって、光 (light) は波 (wave)であるということが一般に認められていた。ところが、20 世紀初頭に光が波ということでは説明できない実験結果が報告された。

その代表がプランク (Planck) が観察した輻射 (light radiation) である。物体を熱すると光を発生する。その光の分布を解析すると、ν という振動数を持つ光のエネルギーは連続ではなく、$h\nu$（h はプランク定数: Planck constant）を単位とした飛び飛びの値しかとらないという結果が得られたのである。光が波とすれば、そのエネルギーは振幅の 2 乗に比例するので、必ず連続になるはずである。

光を波と考えていたプランクは、この実験結果を、波の振幅が何らかの原因で離散的になるということで説明しようとしたが、うまくいかなかったのである。

これに対し、アインシュタイン (Einstein) は、光が $h\nu$ の大きさのエネルギーを持った粒と考えれば、プランクの実験結果をうまく説明できることに気づいた。そして、光の粒子を光量子 (light quantum) あるいは光子 (photon)と名づけ、他にも光が粒子ということを示す実験報告がないかを探すのである。そこで光電効果 (photoelectron effect) のことを知る。

1. 光電効果

当時、金属に光をあてると、電子が飛び出してくる現象が知られていた。これは、光は波であるから、金属に照射した光の振動に揺すられて、金属

中の自由電子が飛び出てくる現象と考えられていた。

しかし、不思議なことに波長が長い光（つまり振動数の小さい光）では、どんなに強い光を照射しても電子が飛び出してこないのである。これに対し、波長の短い光（つまり振動数の大きい光）では、弱い光を照射しても電子が飛び出してくる。これは、光を波と考えると説明のつかない実験結果である。なぜなら、強い光というのは、振幅、つまり光の振れ幅が大きい光であるから、電子は強く揺すられて、必ず飛び出してくるはずだからである。

ここで、アインシュタインの光粒子説が登場する。光は $h\nu$ という大きさのエネルギーを持った粒子、つまり光子と考えると、波長の長い光は、振動数が小さいので、光子1個が持つエネルギーは小さいことになる。

ところで、金属から飛び出してくる電子は、光子からエネルギーをもらって、金属から飛び出すと考える。すると、光の強さは光子の数に比例するが、エネルギーの小さい光子をいくら数多く照射しても電子が光子からもらうエネルギーが低いのでは、電子は外に飛び出して来られないことになる。

一方、波長の短い光は、光子1個のもつエネルギーは大きいので、その数が少なくとも、電子は金属の外に飛び出すことができる。つまり、光が $h\nu$ というエネルギーを持った粒子であると考えると、光波動説では説明のできなかった光電効果をみごとに説明できるのである。

しかも、電子が金属から飛び出すためには、つまり金属の格子からの引力を振り切って外に飛び出すためには、あるしきい値以上のエネルギーが必要であることも分かった。この最低エネルギーは仕事関数 (work function) と呼ばれている。つまり、仕事関数 (ϕ) 以上のエネルギーを有する光子を当てないと、電子は金属から飛び出してこないことになる。よって、金属から飛び出してくる電子のエネルギー (E) は、照射する光の振動数を ν とすると

$$E = h\nu - \phi$$

で与えられる。

2. コンプトン効果

米国のコンプトン (Compton) は、金属に X 線[3]を照射する実験を行っていた。X 線を波と考えていたコンプトンは、X 線は金属の格子に散乱されるものの、その波長は変わらないと予想していた。

これは、ちょうど水の中に杭をたくさん打ち込んだ状態で波を起こすと、波は杭によって散乱されて乱れるものの、その波長が変わらないことに対応する。

ところが、コンプトンは金属を通り抜けてくる X 線の中に、照射した X 線よりも波長の長いものが含まれていることを発見する。この現象は X 線を波と考えると説明のつかない現象である。悩んだコンプトンは光量子説に出会う。そして、X 線を粒子と考え、あたかも粒子が杭に衝突してはじかれるように、X 線も散乱されると考えると、波長が長くなる現象（振動数 ν が小さくなる現象）は、衝突によって粒子のエネルギー $h\nu$ が小さくなったためと解釈できることに気づく。

しかも、照射した X 線の波長 (λ) と散乱される X 線の波長 (λ') の差は、金属の種類に関係なく、その散乱角 (θ) のみによって決まり

$$\lambda' - \lambda = \frac{h}{m_e c}(1 - \cos\theta)$$

という関係式が得られることも分かった。ここで m_e は電子の質量、h はプランク定数、c は光速であり、$h/m_e c$ はコンプトン波長 (Compton wavelength) と呼ばれる定数である。

このように、光が粒子と考えなければいけない現象が見つかったことで、光量子説は大きな支持を得たが、依然として光が波であるという現象も存在する。当時の研究者は、光がいったい波であるのか粒子であるのか大いに悩むことになる。

その後、ド・ブロイ (de Broglie) が波と考えられていた光が粒子の性質を有するならば、粒子と考えられていた電子に波の性質があるのではないか

---

[3] X 線 (X-ray) は可視光 (visible light) の波長 (wavelength) （波長は 360～830nm 程度）よりもかなり波長の短い電磁波 (electromagnetic wave) で、0.01～100nm 程度のものを言う。最初は正体が分からなかったので X 線という名前がついた。

と提唱する。最初は相手にされなかったが、電子線が波であるという証拠の回折現象が実験で確かめられたうえ、電子を波と考えるとボーアの量子条件もうまく説明できる。さらに、電子が波であるということを前提としたシュレディンガー(Schrödinger)の波動方程式 (wave equation) が構築されるに至って、電子波動説は市民権を得る。

しかし、波と考えられていた光が粒子であり、粒子と考えられていた光が波であるという奇妙な描像は、その後、多くの研究者を巻き込んだ大論争へと発展していく。面白いことに、この二面性については、量子力学の建設に貢献したひとたちからも大きな非難を浴びることになる。その急先鋒がアインシュタインであったことは有名である。

終章　ベクトルと行列式

　線形代数の本にもかかわらず、量子力学に肩入れをしすぎたかもしれないが、量子力学が科学界に及ぼした影響の大きさを考えれば、その建設に線形代数が大きな貢献を果たした事実は、やはり特筆に値するのではなかろうか。

　ここで気になるのは、量子力学と線形代数との関わりを紹介した前章では、行列やベクトルが大活躍している一方で、線形代数のもうひとつの主役である行列式の登場が少なかった点であろう。行列式は、固有方程式によって固有値を求めるときにだけ現れる。しかし、この固有方程式および固有値こそが量子力学の物理量の決定において主役を演じるのであるから、その重要性は登場回数の少なさを補ってあまりある。また、本書では紹介できなかったが、量子力学においては行列式は他の場面で大活躍する。

　そこで、最後に行列式について、もう少しベクトルとの関係を中心に、その機能を紹介しておく。

E.1.　ベクトルと行列式

　行列式に関しては、連立1次方程式を解法するための手法として紹介してきた。このとき、ベクトルとの関係はあまり強くなく、単に解を与えるための計算式を行列式が与えている。よって、ベクトルとの関連では行列の方が圧倒的に結びつきが強いという印象を持たれたと思う。実際、行列にはベクトルを線形空間の別のベクトルに変換するという機能があるため、その関係は重要である。

　それでは、行列式はベクトルとは無関係かというと決してそうではない。そこで、最初に2次元ベクトルについて考えてみる。いま2個のベクトル

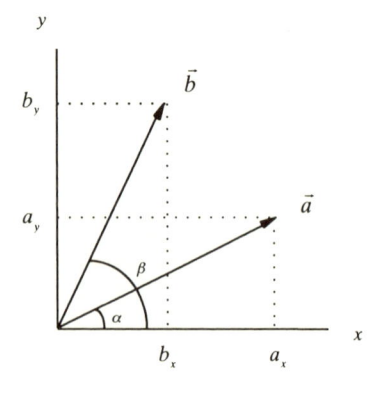

図 E-1

$$\vec{a} = \begin{pmatrix} a_x & a_y \end{pmatrix} \qquad \vec{b} = \begin{pmatrix} b_x & b_y \end{pmatrix}$$

を並列に並べて行列をつくる。すると、その行列式は

$$\det\begin{pmatrix} \vec{a} \\ \vec{b} \end{pmatrix} = \begin{vmatrix} a_x & a_y \\ b_x & b_y \end{vmatrix} = a_x b_y - a_y b_x$$

と計算できる。行列式の性質から、ベクトルを列ベクトルとして並べた場合も同じ値が得られる。

$$\det\begin{pmatrix} \vec{a} & \vec{b} \end{pmatrix} = \begin{vmatrix} a_x & b_x \\ a_y & b_y \end{vmatrix} = a_x b_y - b_x a_y = a_x b_y - a_y b_x$$

実は、この値は、これらベクトルをそれぞれ辺とする平行四辺形の面積となる。実際に確かめてみよう。この平行四辺形の面積は

$$S = |\vec{a}||\vec{b}|\sin\theta$$

で与えられる。ここで、θ はふたつのベクトルがなす角の大きさである。ここで、図 E-1 のように、それぞれのベクトルが x 軸となす角を α, β とすると、三角関数の加法定理より

$$\sin\theta = \sin(\beta - \alpha) = \sin\beta\cos\alpha - \cos\beta\sin\alpha$$

と変形できる。ここで

$$\sin\alpha = \frac{a_y}{|\vec{a}|} \quad \cos\alpha = \frac{a_x}{|\vec{a}|} \quad \sin\beta = \frac{b_y}{|\vec{b}|} \quad \cos\beta = \frac{b_x}{|\vec{b}|}$$

の関係にあるので、これらを上式に代入すると

$$S = |\vec{a}||\vec{b}|\sin\theta = |\vec{a}||\vec{b}|\left(\frac{b_y}{|\vec{b}|}\frac{a_x}{|\vec{a}|} - \frac{b_x}{|\vec{b}|}\frac{a_y}{|\vec{a}|}\right) = a_x b_y - a_y b_x$$

となって、確かに平行四辺形の面積となっている。

さらに3次元空間において、3個のベクトルを同様に並べて、その行列の行列式を計算すれば、それは3個のベクトルがつくる平行6面体の体積が得られる。つまり

$$\vec{a} = \begin{pmatrix} a_x & a_y & a_z \end{pmatrix} \quad \vec{b} = \begin{pmatrix} b_x & b_y & b_z \end{pmatrix} \quad \vec{c} = \begin{pmatrix} c_x & c_y & c_z \end{pmatrix}$$

の3個のベクトルを考えて

$$\det\begin{pmatrix} \vec{a} \\ \vec{b} \\ \vec{c} \end{pmatrix} = \begin{vmatrix} a_x & a_y & a_z \\ b_x & b_y & b_z \\ c_x & c_y & c_z \end{vmatrix}$$

は、これらベクトルを辺とする平行6面体の体積となる。この証明は後ほど行う。

E.2. 外積と行列式

ベクトルの外積についてはすでに紹介したが、何とも分かりにくい概念である。作用の方向と、その結果の方向がまったく異なるというのは、人

間の感覚にはなじまない。(その点、内積は分かりやすい。)

　しかし、感覚になじまないと愚痴をこぼしたところで、自然現象の多くが外積の法則に従うのであれば、それを受け入れざるを得ない。実は、面白いことに、この分かりにくい外積と行列式との相性が良いのである。(あえて言えば、行列式の定義も分かりにくいので、どちらも共通して分かりにくいという側面を有していることになる。)

　外積について復習すると、2つの3次元ベクトルを成分で示して

$$\vec{a} = \begin{pmatrix} a_x \\ a_y \\ a_z \end{pmatrix} \quad \vec{b} = \begin{pmatrix} b_x \\ b_y \\ b_z \end{pmatrix}$$

と表記すると、その外積は

$$\vec{c} = \vec{a} \times \vec{b} = \begin{pmatrix} a_y b_z - a_z b_y \\ a_z b_x - a_x b_z \\ a_x b_y - a_y b_x \end{pmatrix}$$

の成分を有する3次元ベクトルで与えられる。少し見ただけでは、分かりにくい表示であり、成分を覚えるのも大変そうである。さらに、ベクトル積のx成分は、もとのベクトルのyとz成分からできている。これも感覚になじまない理由のひとつである。ところが、行列式を使うと外積は

$$\vec{c} = \vec{a} \times \vec{b} = \begin{vmatrix} \vec{e}_x & \vec{e}_y & \vec{e}_z \\ a_x & a_y & a_z \\ b_x & b_y & b_z \end{vmatrix}$$

という分かりやすいかたちに整理できる。行列式の中は、それぞれ上の行から、単位ベクトル、ベクトル$\vec{a}$の成分、ベクトル$\vec{b}$の成分の順に並んでいる。

　実際に、この行列式を計算してみよう。第1行の成分で余因子展開を行うと

終章　ベクトルと行列式

$$\begin{vmatrix} \vec{e}_x & \vec{e}_y & \vec{e}_z \\ a_x & a_y & a_z \\ b_x & b_y & b_z \end{vmatrix} = \vec{e}_x \begin{vmatrix} a_y & a_z \\ b_y & b_z \end{vmatrix} - \vec{e}_y \begin{vmatrix} a_x & a_z \\ b_x & b_z \end{vmatrix} + \vec{e}_z \begin{vmatrix} a_x & a_y \\ b_x & b_y \end{vmatrix}$$

$$= \vec{e}_x (a_y b_z - a_z b_y) - \vec{e}_y (a_x b_z - a_z b_x) + \vec{e}_z (a_x b_y - a_y b_x)$$

となる。これを成分で示すと

$$\begin{pmatrix} a_y b_z - a_z b_y \\ -(a_x b_z - a_z b_x) \\ a_x b_y - a_y b_x \end{pmatrix} = \begin{pmatrix} a_y b_z - a_z b_y \\ a_z b_x - a_x b_z \\ a_x b_y - a_y b_x \end{pmatrix}$$

となって、確かに外積となっている。ついでに同じ要領で、$\vec{b} \times \vec{a}$ を計算してみよう。この場合は、下2行を入れかえればよいので

$$\vec{b} \times \vec{a} = \begin{vmatrix} \vec{e}_x & \vec{e}_y & \vec{e}_z \\ b_x & b_y & b_z \\ a_x & a_y & a_z \end{vmatrix}$$

となる。ここで、行列式のルールを思い起こすと、2つの行を交換した場合、行列式の符号は反転するから

$$\vec{b} \times \vec{a} = \begin{vmatrix} \vec{e}_x & \vec{e}_y & \vec{e}_z \\ b_x & b_y & b_z \\ a_x & a_y & a_z \end{vmatrix} = -\begin{vmatrix} \vec{e}_x & \vec{e}_y & \vec{e}_z \\ a_x & a_y & a_z \\ b_x & b_y & b_z \end{vmatrix} = -\vec{c}$$

となり、ベクトル積ではかける順番を変えるとベクトルの方向が逆になるという性質を確認できる。このようにベクトル積を行列式で表現しておくと、便利なことが多い。

　つぎに、このベクトル積の行列式表示を利用して、3個のベクトルを成分とする行列式を表現する方法について考えてみよう。いま

$$\vec{b} \times \vec{c} = \begin{vmatrix} \vec{e}_x & \vec{e}_y & \vec{e}_z \\ b_x & b_y & b_z \\ c_x & c_y & c_z \end{vmatrix} = \vec{e}_x \begin{vmatrix} b_y & b_z \\ c_y & c_z \end{vmatrix} - \vec{e}_y \begin{vmatrix} b_x & b_z \\ c_x & c_z \end{vmatrix} + \vec{e}_z \begin{vmatrix} b_x & b_y \\ c_x & c_y \end{vmatrix}$$

であった。これと対比させて

$$\begin{vmatrix} a_x & a_y & a_z \\ b_x & b_y & b_z \\ c_x & c_y & c_z \end{vmatrix} = a_x \begin{vmatrix} b_y & b_z \\ c_y & c_z \end{vmatrix} - a_y \begin{vmatrix} b_x & b_z \\ c_x & c_z \end{vmatrix} + a_z \begin{vmatrix} b_x & b_y \\ c_x & c_y \end{vmatrix}$$

を並べてみよう。下の式になるためには、上のベクトルとベクトル $\vec{a}$ の内積をとればよい。つまり

$$\vec{a} \cdot (\vec{b} \times \vec{c}) = (a_x \vec{e}_x + a_y \vec{e}_y + a_z \vec{e}_z) \left(\vec{e}_x \begin{vmatrix} b_y & b_z \\ c_y & c_z \end{vmatrix} - \vec{e}_y \begin{vmatrix} b_x & b_z \\ c_x & c_z \end{vmatrix} + \vec{e}_z \begin{vmatrix} b_x & b_y \\ c_x & c_y \end{vmatrix} \right)$$

$$= a_x \begin{vmatrix} b_y & b_z \\ c_y & c_z \end{vmatrix} - a_y \begin{vmatrix} b_x & b_z \\ c_x & c_z \end{vmatrix} + a_z \begin{vmatrix} b_x & b_y \\ c_x & c_y \end{vmatrix}$$

と計算できる。よって

$$\vec{a} \cdot (\vec{b} \times \vec{c}) = \begin{vmatrix} a_x & a_y & a_z \\ b_x & b_y & b_z \\ c_x & c_y & c_z \end{vmatrix}$$

という関係にある。これをベクトルのスカラー3重積 (scalar triple product) と呼んでいる。ここで、右辺は3個のベクトルを3行に並べてできる行列の行列式であり、前述したように、これらベクトルがつくる平行6面体の体積を与える。あらためてこの意味について考えてみよう。

図 E-2 に示すように、3次元空間においてベクトル $\vec{a}, \vec{b}, \vec{c}$ を考える。ここで、ベクトル積 $\vec{b} \times \vec{c}$ の大きさは、これらベクトルがつくる平行四辺形の面積の大きさであって、その方向は、図のように右手系に従う。ここで、このベクトル積と、ベクトル $\vec{a}$ の内積をとるということは、

終章　ベクトルと行列式

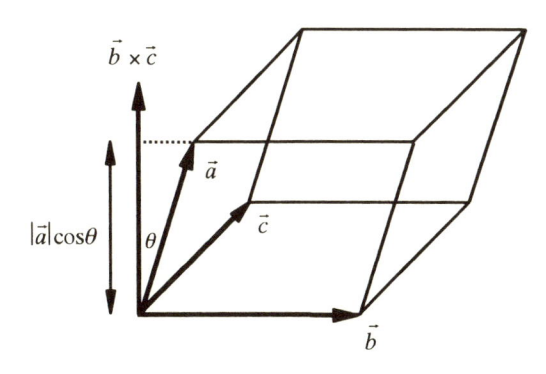

図 E-2　スカラー3重積と平行6面体の体積の関係。

$$\left|\vec{b}\times\vec{c}\right|\cdot\left|\vec{a}\right|\cos\theta$$

すなわち平行四辺形の面積に、$\left|\vec{a}\right|\cos\theta$ を乗じることに他ならない。ここで、θ はベクトル $\vec{a}$ とベクトル $\vec{b}\times\vec{c}$ のなす角である。これは、図から明らかなように、平行6面体の高さに相当する。よって、スカラー3重積は、これらベクトルがつくる平行6面体の体積となる。

ただし、厳密な意味では、これはスカラー積ではない。なぜなら

$$\vec{a}\cdot\left(\vec{c}\times\vec{b}\right)=\begin{vmatrix}a_x & a_y & a_z \\ c_x & c_y & c_z \\ b_x & b_y & b_z\end{vmatrix}=-\begin{vmatrix}a_x & a_y & a_z \\ b_x & b_y & b_z \\ c_x & c_y & c_z\end{vmatrix}=-\vec{a}\cdot\left(\vec{b}\times\vec{c}\right)$$

となって、ベクトル積の順番を入れかえると符号が反転するからである。

E.3.　rot と行列式

ベクトル積の延長ではあるが、ベクトル演算の1種である rot (rotation) を行列式で表記すると便利であることが知られている。この rot という概念も直感では分かりにくい。しかも、curl や $\nabla\times$ とも表記されるので、同じものが教科書や論文によって、異なった表記で出てくるため混乱を与える。

くり返すが

$$\mathrm{rot}\,\vec{A} \qquad \mathrm{curl}\,\vec{A} \qquad \nabla\times\vec{A}$$

はすべて同じものを指している。

　さて、英語の rotation も curl も回転という意味であるから、この操作は、何か回転に関係した量と思われるのであるが、正直なところ、すぐにはその本質は分からない。

　ところが、いったん電磁気学を始めると、マックスウェルの方程式において rot が主役を演じるうえ、さらに、磁場の解析においてもベクトルポテンシャル (vector potential) という正体不明ながら、非常に重要な物理量に rot が使われる[1]。

　しかし、外積と同様に自然現象を解析していると、人間の直感とはかけ離れた解析結果が得られることが多い。rot もその一種である。残念ながら自然現象がそういうものだという達観した見方をせざるを得ないのである。

　ここで、あらためて、ベクトルの rot の定義から示すと、つぎの 3 次元ベクトル

$$\vec{a} = \begin{pmatrix} a_x \\ a_y \\ a_z \end{pmatrix}$$

に rot を作用させると

$$\mathrm{rot}\,\vec{a} = \begin{pmatrix} \dfrac{\partial a_z}{\partial y} - \dfrac{\partial a_y}{\partial z} \\ \dfrac{\partial a_x}{\partial z} - \dfrac{\partial a_z}{\partial x} \\ \dfrac{\partial a_y}{\partial x} - \dfrac{\partial a_x}{\partial y} \end{pmatrix}$$

---

[1] 磁場ベクトルを $\vec{B}$、ベクトルポテンシャルを $\vec{A}$ とおくと、$\mathrm{rot}\,\vec{A} = \vec{B}$ という関係にある。電磁力は磁場と電流との外積の関係にあるので、当初は計算の便宜上導入された仮想の物理量 (virtual physical quantity) であったが、現在ではより本質的なものと考えられている。

という新しいベクトルが得られる。このベクトル演算の結果だけ最初に見せられると、その意味不明さも手伝って、多くのひとは逃げ出したくなる。もちろん、実際に取り扱う場合には、すべての成分をいっきに片付けるのではなく、成分ごとに整理するのが普通である。（こうしないと、頭の中の整理がつかないうえ、煩雑になって間違いも犯しやすい。）

そこで、まず各成分がどのようになっているかを見てみよう。それぞれの成分は

$$(\text{rot}\,\vec{a})_x = \frac{\partial a_z}{\partial y} - \frac{\partial a_y}{\partial z}$$

$$(\text{rot}\,\vec{a})_y = \frac{\partial a_x}{\partial z} - \frac{\partial a_z}{\partial x}$$

$$(\text{rot}\,\vec{a})_z = \frac{\partial a_y}{\partial x} - \frac{\partial a_x}{\partial y}$$

となって、x 成分は z 成分の y による偏微分から y 成分の z による偏微分を引いたものとなっている。x 成分が、他の軸成分からのみできているという点は、外積とよく似ていることを気に留めておいて欲しい。

ここで、なぜこのベクトルが回転という現象に対応するかを考えてみよう。z 成分に着目すると

$$(\text{rot}\,\vec{a})_z = \frac{\partial a_y}{\partial x} - \frac{\partial a_x}{\partial y}$$

となっている。ここで最初の項の符号は＋で、つぎの項の符号は－となっている。いま、xy 平面を考え、ベクトル $\vec{a}$ の流れによってなにか（あえて言えば水車のようなもの）が回転すると考えよう。そして、この回転によって、z 方向につくり出される物理量（ベクトル）が $(\text{rot}\,\vec{a})_z$ と考える。すると図 E-3 のように、a_y 成分が x とともに増加すると、反時計まわりに回転する。ここで、ベクトル積で紹介した右ネジの法則 (right-handed screw law) を思い出してみる。この回転によってつくり出される成分は、右ネジの法則に従うと仮定すると、z 軸の正の方向になる。実は、rotでもこれが成立する（と

図 E-3　ベクトル $\vec{a}$ を流れと考えると、ベクトルの y 成分 a_y が x とともに増加する場合には、回転体は図のように反時計まわりに回転する。これを右ねじの法則にあてはめれば、紙面の裏から表に矢印が向く。つまり、右手系の z 軸の正方向である。よって、成分 $\partial a_y / \partial x$ の符号は＋となる。

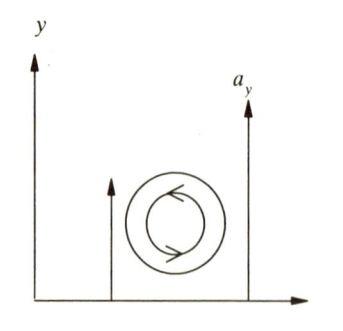

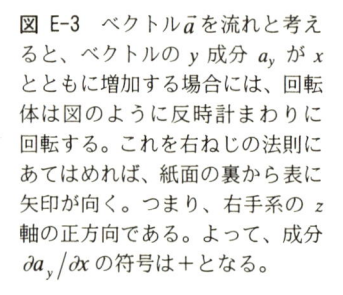

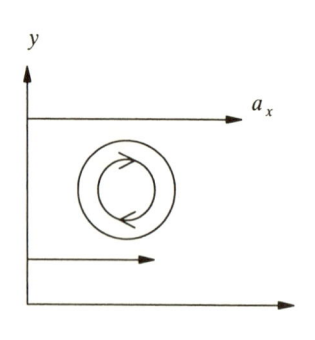

図 E-4　ベクトル $\vec{a}$ を流れと考えると、ベクトルの x 成分 a_x が y とともに増加する場合には、回転体は図のように時計まわりに回転する。これを右ねじの法則にあてはめれば、紙面の表から裏に矢印が向く。つまり、右手系の z 軸の負方向である。よって、成分 $\partial a_x / \partial y$ には－の符号がつくことになる。

いうように定義しているのだが)。ここにも、外積との類似点がある。

　それでは、x 成分はどうなるかを見てみよう。図 E-4 に示すように、y の増加に従って a_x が増加する場合には、回転は先ほどとは逆、つまり時計まわりになる。つまり、右ネジの法則に従えば、この回転によってつくり出される成分は、z 方向の負の方向成分となる。よって、第 2 項には－がつくのである。

　結局、rot とは、あるベクトルが場所によって変化しているときに、それによって回転する成分が外積の方向につくり出すあらたなベクトルということになる。こう言っても、具体例で見ないと分からないかもしれない。そこで実例として、電磁誘導の法則を紹介する。

　マックスウェルの方程式のひとつに、つぎのようなものがある。

$$\mathrm{rot}\,\vec{E} + \frac{\partial \vec{B}}{\partial t} = 0 \qquad \text{あるいは} \qquad \frac{\partial \vec{B}}{\partial t} = -\mathrm{rot}\,\vec{E}$$

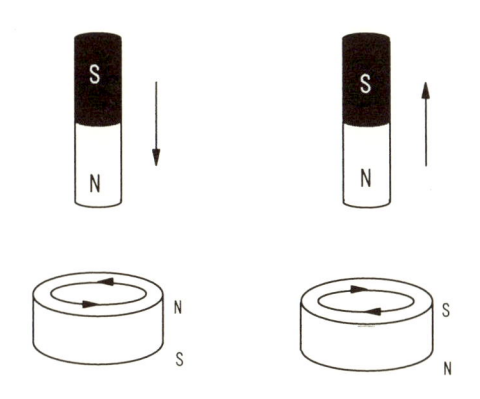

図 E-5　電磁誘導の法則。永久磁石を導体に近づけたり、遠ざけたりすると、導体に電場が誘導され、電流が発生する。誘導電流によって発生する磁場は、レンツの法則に従い、磁場変化を妨げる方向である。つまり、N 極が近づこうとすると、N 極が上になるように電流が流れ、逆に N 極が遠ざかろうとすると、S 極が上になるように電流は誘導される。

ここで、$\vec{B}$は磁場ベクトル、$\vec{E}$は電場ベクトルであり、これは、磁場の時間変化が電場の回転を誘導するという電磁誘導の法則に対応している。現象的には、図 E-5 に示すように、導体に磁石を近づけたり遠ざけたりすると、うず電流が誘導されることに対応している。(いろいろなケースが想定されるが。)

いま、磁場の方向を z 方向にとって、この成分を取り出すと

$$\frac{\partial \vec{B}_z}{\partial t} = -\left(\frac{\partial E_y}{\partial x} - \frac{\partial E_x}{\partial y}\right)$$

となる。これは、磁場が増えると、その逆向きの磁場が生成するような方向に電場 (つまり電流) が誘導されることを示している。(これは、自然は急激な変化を嫌うというレンツの法則 (Lenz's law) に従っている。)

さて、ここで行列式の登場である。先ほどから rot には外積と似た性質があると説明してきたが、実際に微分演算子 (differential operator) であるナブラ (nabla) を使うと、外積のかたちで表現できる。ナブラとは、単位ベクトルを使って表すと

$$\nabla = \vec{e}_x \frac{\partial}{\partial x} + \vec{e}_y \frac{\partial}{\partial y} + \vec{e}_z \frac{\partial}{\partial z}$$

のかたちをした演算子であり、ベクトル表示をすれば

$$\nabla = \begin{pmatrix} \partial/\partial x \\ \partial/\partial y \\ \partial/\partial z \end{pmatrix}$$

となる。この演算子を使うと rot に対応する操作は

$$\mathrm{rot}\,\vec{a} = \nabla \times \vec{a}$$

と表記することができる。それでは、さっそく前項で取り扱ったベクトル積の行列式表示にあてはめてみよう。すると

$$\nabla \times \vec{a} = \begin{vmatrix} \vec{e}_x & \vec{e}_y & \vec{e}_z \\ \partial/\partial x & \partial/\partial y & \partial/\partial z \\ a_x & a_y & a_z \end{vmatrix}$$

と書くことができる。そこで、第1行成分で余因子展開すると

$$\nabla \times \vec{a} = \vec{e}_x \begin{vmatrix} \partial/\partial y & \partial/\partial z \\ a_y & a_z \end{vmatrix} - \vec{e}_y \begin{vmatrix} \partial/\partial x & \partial/\partial z \\ a_x & a_z \end{vmatrix} + \vec{e}_z \begin{vmatrix} \partial/\partial x & \partial/\partial y \\ a_x & a_y \end{vmatrix}$$

と展開できる。つぎに、各行列式をルールに従って計算すれば

$$\nabla \times \vec{a} = \vec{e}_x \left(\frac{\partial a_z}{\partial y} - \frac{\partial a_y}{\partial z} \right) - \vec{e}_y \left(\frac{\partial a_z}{\partial x} - \frac{\partial a_x}{\partial z} \right) + \vec{e}_z \left(\frac{\partial a_y}{\partial x} - \frac{\partial a_x}{\partial y} \right)$$

となり、ベクトル表示をすれば

終章　ベクトルと行列式

$$\nabla \times \vec{a} = \begin{pmatrix} \dfrac{\partial a_z}{\partial y} - \dfrac{\partial a_y}{\partial z} \\ \dfrac{\partial a_x}{\partial z} - \dfrac{\partial a_z}{\partial x} \\ \dfrac{\partial a_y}{\partial x} - \dfrac{\partial a_x}{\partial y} \end{pmatrix}$$

となって、確かに同じ作用であることが分かる。このように、いったん行列式の表現に慣れさえすれば、ベクトル積や、それに関連したrotなどの演算は、行列式にした方が見やすいし、何よりも間違いが少ない。このため、この表示を採用する教科書も多い。

恥ずかしい話であるが、実験などで電磁力の解析をしていると、結果がどうなるか混乱してしまうことがよくある。玄人と言っても、ベクトル積というのは取り扱いが厄介である。このような時に行列式が役に立つ。

電磁力は、電流ベクトルと磁場ベクトルを使うと

$$\vec{F} = \vec{I} \times \vec{B}$$

とベクトル積で表される。もし、磁場がy方向成分のみを有し、電流がx, y方向の成分を持つとき、電磁力はどの方向にどの程度の大きさで働くかと聞かれて、すぐに頭に思い浮かべられるであろうか。よほど慣れたひとでも簡単には答えは出ない。

ところが、行列式を使うと

$$\vec{F} = \begin{vmatrix} \vec{e}_x & \vec{e}_y & \vec{e}_z \\ I_x & I_y & 0 \\ 0 & B_y & 0 \end{vmatrix}$$

となって、第3行で余因子展開すれば

$$\vec{F} = \begin{vmatrix} \vec{e}_x & \vec{e}_y & \vec{e}_z \\ I_x & I_y & 0 \\ 0 & B_y & 0 \end{vmatrix} = -B_y \begin{vmatrix} \vec{e}_x & \vec{e}_z \\ I_x & 0 \end{vmatrix} = -B_y(0 - I_x\vec{e}_z) = I_x B_y \vec{e}_z$$

と計算でき、電磁力の働く方向はz方向であり、その大きさは$I_x B_y$である

ことが簡単に分かる。事情が少し込み入っても、それほど苦労せずに解析が可能になる。

E.4. 線形代数は重要な学問

　本書では紹介できなかったが、この他にも行列式の応用はたくさんある。ためしに専門課程の教科書をひもとけば、いたるところで、ベクトルはもちろんのこと、行列や行列式が顔を出す。
　このように、線形代数の構成要素である、行列、ベクトル、そして行列式は、単に多元連立1次方程式の解法だけではなく、その応用範囲はかなり広い。しかも、多変数の取り扱いをまとめやすくするという機能だけではなく、その性質が量子力学という新しい学問の建設に対しても本質的な貢献をしたという事実は特筆すべきであろう。
　残念ながら、線形代数や行列ベクトルの入門では、それが多くの専門分野で利用されていることまでは紹介されない。本書では、そこまで踏み込んで説明を試みた。ここで、最初の「1次方程式しか扱えない線形代数を大学で学ぶ必要があるのか？」という疑問に対して、十分な答え（図E-6）が得られたことを期待して筆を置きたい。

図 E-6　単に連立1次方程式を解くための手法と思っていた線形代数は、こんなにも奥が深く、しかも、あの有名な量子力学の建設にも役立ったなんて感動ものだ。これなら、線形代数をもっと勉強しようという意欲が湧くね。

索　引

あ行

アインシュタイン　188, 222
1次結合　47
1次元　18
1次変換　140, 143
1次方程式　9
位置ベクトル　22
因数分解　156
n次元ベクトル　21, 55, 142
エルミート演算子　197
エルミート行列　175, 195, 202
オイラーの公式　154, 212

か行

階数　97
外積　34, 43, 230
回折現象　222
回転演算子　220
回転行列　145
加法定理　36
関数空間　179
関数の内積　213
期待値　197
奇置換　109
基底　49
基本ベクトル　47
逆行列　13, 82
級数展開　178, 210
行インデックス　73
行基本変形　85, 88, 169
行ベクトル　20, 74

共役複素数　153
行列　12, 64
行列式　12, 102
行列式の符号　124
行列の階数　98
行列のかけ算　69
行列の加減　67
行列力学　10, 65
極形式　219
虚数　211
偶置換　109
グラムシュミットの正規直交化法　217
クラメールの公式　105
クロス積　35
クロネッカーデルタ　81
係数拡大行列　86
係数行列　12, 84
結合法則　31
交換法則　27, 78
光電効果　189, 222
光量子　188, 191
互換　109
固有値　160, 175, 198, 202
固有ベクトル　160, 198, 209
固有方程式　164, 175, 198
コンプトン　224
コンプトン効果　189

さ行

サラスの法則　114
三角関数　210

三角関数の加法定理　61, 144
三角行列　130
3次元空間　22
3次元ベクトル　20
磁気エネルギー　40
シグナム　109
仕事　39
仕事関数　223
指数関数　210
自明でない解　163
自明な解　163
縮退　203
シュレディンガー　225
数直線　21
スカラー　25
スカラー3重積　232
スカラー積　35
正規化　57
正規直交化基底　216
正規直交化法　59
正規直交関数系　183
正則行列　84
正方行列　73
関孝和　14, 102
ゼロ行列　68, 79
ゼロベクトル　26
線形　9
線形空間　31, 48, 140
線形結合　47, 140
線形代数　9
線形独立　47

た行
対角化　161, 196
対角行列　129, 161
対角要素　161
対称行列　170
たすきがけ法　111
単位行列　79

単位ベクトル　48, 141
置換　108
直交　141
直交関係　181
直交行列　170
ディラック　159
ディラック行列　171
電磁気学　45
電磁力　45, 239
転置行列　67, 75
同次方程式　163
特異行列　84
ドット積　35
ド・ブロイ　224
ド・モアブルの定理　148

な行
内積　34, 69, 181
2次元ベクトル　20
ニュートン力学　194
ノルム　37

は行
倍角の公式　149
ハイゼンベルク　10, 191
パウリ行列　157, 173
波数　185
非可換　78, 208
ピタゴラスの定理　24
標準基底　57
標準基底ベクトル　142
ヒルベルト空間　179
フーリエ級数　180, 184
不確定性原理　208
輻射　222
複素共役　187, 193
複素数　151
複素平面　151
符号付要素積　110

索　引

プランク　188, 222
プランク定数　189
分配法則　28
平行四辺形の面積　228
平行6面体の体積　229
べきゼロ行列　156
べき単行列　150
ベクトル　12, 17
ベクトル空間　31, 48
ベクトル積　43, 52, 239
ベクトルの演算　26
ベクトルの微積分　52
ベクトルの平行四辺形の法則　29
ベクトルポテンシャル　234
ボーア　10, 189
ボーアの量子条件　189

ま行

マックスウェルの方程式　236
右手系　44

右ネジの法則　44, 235
無限次元空間　60

や行

ユークリッド空間　55
ユニタリー行列　197
ユニタリー変換　175, 197, 201
余因子行列　117, 125
余因子展開　115, 239
要素積　106

ら行

ラプラス展開　117
量子力学　10, 140, 175
列インデックス　73
列基本変形　128
列ベクトル　20, 74
連立1次方程式　103
rot　233

著者：村上　雅人（むらかみ　まさと）

1955 年，岩手県盛岡市生まれ．東京大学工学部金属材料工学科卒，同大学工学系大学院博士課程修了．工学博士．超電導工学研究所第一および第三研究部長を経て，2003 年 4 月から芝浦工業大学教授．2008 年 4 月同副学長，2011 年 4 月より同学長．

1972 年米国カリフォルニア州数学コンテスト準グランプリ，World Congress Superconductivity Award of Excellence，日経 BP 技術賞，岩手日報文化賞ほか多くの賞を受賞．

著書：『なるほど虚数』『なるほど微積分』『なるほど線形代数』『なるほど量子力学』など「なるほど」シリーズを十数冊のほか，『日本人英語で大丈夫』．編著書に『元素を知る事典』（以上，海鳴社），『はじめてナットク超伝導』（講談社，ブルーバックス），『高温超伝導の材料科学』（内田老鶴圃）など．

なるほど線形代数
2001 年 6 月 20 日　第 1 刷発行
2023 年 8 月 24 日　第 5 刷発行

発行所：㈱海鳴社　http://www.kaimeisha.com/
　　　〒101-0065　東京都千代田区西神田 2 − 4 − 6
　　　E メール：kaimei@d8.dion.ne.jp
　　　Tel．：03-3262-1967　Fax：03-3234-3643

発 行 人：辻　信行
組　　版：小林　忍
印刷・製本：シナノ

JPCA

本書は日本出版著作権協会（JPCA）が委託管理する著作物です．本書の無断複写などは著作権法上での例外を除き禁じられています．複写（コピー）・複製，その他著作物の利用については事前に日本出版著作権協会（電話 03-3812-9424，e-mail:info@e-jpca.com）の許諾を得てください．

出版社コード：1097　　　　　　　© 2001 in Japan by Kaimeisha
ISBN 978-4-87525-201-6　　落丁・乱丁本はお買い上げの書店でお取替えください

村上雅人の理工系独習書「なるほどシリーズ」

なるほど虚数——理工系数学入門	A5 判 180 頁、1800 円
なるほど微積分	A5 判 296 頁、2800 円
なるほど線形代数	A5 判 246 頁、2200 円
なるほどフーリエ解析	A5 判 248 頁、2400 円
なるほど複素関数	A5 判 310 頁、2800 円
なるほど統計学	A5 判 318 頁、2800 円
なるほど確率論	A5 判 310 頁、2800 円
なるほどベクトル解析	A5 判 318 頁、2800 円
なるほど回帰分析　　　（品切れ）	A5 判 238 頁、2400 円
なるほど熱力学	A5 判 288 頁、2800 円
なるほど微分方程式	A5 判 334 頁、3000 円
なるほど量子力学Ⅰ——行列力学入門	A5 判 328 頁、3000 円
なるほど量子力学Ⅱ——波動力学入門	A5 判 328 頁、3000 円
なるほど量子力学Ⅲ——磁性入門	A5 判 260 頁、2800 円
なるほど電磁気学	A5 判 352 頁、3000 円
なるほど整数論	A5 判 352 頁、3000 円
なるほど力学	A5 判 368 頁、3000 円
なるほど解析力学	A5 判 238 頁、2400 円
なるほど統計力学	A5 判 270 頁、2800 円
なるほど統計力学　◆応用編	A5 判 260 頁、2800 円
なるほど物性論	A5 判 360 頁、3000 円
なるほど生成消滅演算子	A5 判 268 頁、2800 円
なるほどベクトルポテンシャル	A5 判 312 頁、3000 円
なるほどグリーン関数	A5 判 272 頁、2800 円

（本体価格）